大学生网络文化素养的提升策略研究

栾琪 著

延吉·延边大学出版社

图书在版编目（CIP）数据

大学生网络文化素养的提升策略研究 / 栾琪著.

延吉 ： 延边大学出版社，2024. 9. -- ISBN 978-7-230
-07271-7

I. TP393

中国国家版本馆CIP数据核字第2024XT7391号

大学生网络文化素养的提升策略研究

著　　者：栾　琪

责任编辑：李佳奇

封面设计：文合文化

出版发行：延边大学出版社

社　　址：吉林省延吉市公园路 977 号　　　邮　编：133002

网　　址：http://www.ydcbs.com　　　E-mail：ydcbs@ydcbs.com

电　　话：0433-2732435　　　传　真：0433-2732434

印　　刷：廊坊市广阳区九洲印刷厂

开　　本：710 毫米 ×1000 毫米　1/16

印　　张：11.25

字　　数：220 千字

版　　次：2024 年 9 月第 1 版

印　　次：2024 年 11 月第 1 次印刷

书　　号：ISBN 978-7-230-07271-7

定　　价：78.00 元

前　言

　　网络文化，作为传统文化与现代科技相结合的产物，依托丰富的网络资源，以其独特的魅力吸引着年轻人的目光，成为大学生学习、娱乐、社交不可或缺的一部分。然而，网络的双刃剑特性日益显现：一方面，它提供了便捷的获取信息的渠道和广阔的交流平台，促进了知识的共享与文化的多元发展；另一方面，网络谣言、不良信息、隐私泄露等问题频发，对大学生的价值观塑造、心理健康乃至行为选择构成了挑战。

　　在这样的背景下，探讨大学生网络文化素养的培养与提升策略，显得尤为迫切和重要。本书旨在全面剖析网络文化素养的内涵、特征及其对大学生群体的影响，并在此基础上，系统构建一套科学合理、行之有效的培养策略体系，以期帮助大学生在网络环境中健康成长，成为具有高尚网络道德、强大信息处理能力、良好沟通技巧和跨文化交流能力的新时代青年。

　　本书从网络文化的形成与发展谈起，逐步深入到大学生网络文化素养的内涵、现状，大学生网络文化素养存在的问题及其对策，特别是针对微媒体时代的特点，探讨了如何有效利用新兴媒体提升大学生的网络文化素养。同时，本书还着重分析了网络信息获取与处理能力的培养、多元主体在培养过程中的作用、网络沟通技巧与社交能力的培养、网络安全与隐私保护意识的提升，以及网络文化与跨文化交流能力的培育，力求全方位、多层次地覆盖大学生网络文化素养的各个方面。

在撰写过程中，我们力求理论与实践相结合，既吸收国内外最新的研究成果，又紧密结合当前大学生网络生活的实际，提出具有针对性和可操作性的建议。我们相信，这些策略能够有效引导大学生树立正确的网络道德观念，提升其在复杂网络环境中的自我保护和自我发展的能力，促进其全面发展，为构建健康、和谐的网络文化环境贡献力量。

目　录

第一章 网络文化概述

第一节 网络的形成和发展

一、网络的概念

网络是由若干节点和连接这些节点的链路组成的，网络中的节点可以是计算机、集线器、交换机或路由器。在数学上，网络是指一种图，一般专指加权图。网络除了数学定义，还有物理定义，即网络是从某种相同类型的实际问题中抽象出来的模型。在计算机领域中，网络是指信息传输、接收、共享的虚拟平台，通过它把各个点、面、体的信息联系到一起，从而实现这些资源的共享。在日常生活中，我们经常将网络、互联网、因特网混为一谈，其实这是不准确的。网络是指通过通信设备将多台计算机或者网络设备连起来，构成的一个网络系统。网络可大可小，几台计算机可以构成网络，成千上万的计算机也可以构成网络。互联网是指网络与网络串联成的庞大网络，在此基础上发展出的覆盖全世界的全球性的网络，它具有全球性。因特网则是指目前世界上最大的互联网络。换句话说，互联网又被称为"网络中的网络"，是在网络的基础上发展起来的，而因特网则是互联网的一种。

现如今，网络已经成为信息社会的命脉和发展知识经济的重要基础。网络对社会经济的发展及社会生活产生了不可估量的影响。它是人类发展史上最重要的发明，促进了科技的进步和人类社会的发展。

二、网络的分类

网络从不同的角度进行划分，有不同的分类。了解网络的划分方法及类型对了解网络技术具有重要的意义。

（一）从传输媒介的角度划分

从传输媒介角度划分，网络分为有线网、光纤网和无线网。

有线网：采用同轴电缆和双绞线连接的计算机网络。同轴电缆网是常见的一种联网方式，它比较经济，安装较为便利，传输率和抗干扰能力一般，传输距离较短。双绞线网是目前最常见的联网方式，它价格便宜、安装方便，但易受干扰、传输率较低，传输距离比同轴电缆要短。

光纤网：光纤网也是有线网的一种，但由于其特殊性而单独列出。光纤网采用光导纤维作为传输介质。光纤传输距离长、传输率高、抗干扰性强，不会受到电子监听设备的监听，是高安全性网络。

无线网：用电磁波作为载体来传输数据，由于联网方式灵活方便，所以备受大众喜爱。

（二）从通信角度划分

从通信角度划分，网络分为点对点式和广播式。

点对点式：数据以点到点的方式在计算机或通信设备中传输。星型网、环型网采用这种传输方式。

广播式：数据在共用介质中传输。无线网和总线型网络属于这种类型。

（三）从规模角度划分

从覆盖范围的角度划分，网络分为局域网、城域网、广域网、个人网。

局域网（LAN）：一般限定在较小的区域内，其覆盖范围小于 10 千米。通常采用有线的方式连接起来。

城域网（MAN）：规模局限在一个城市的范围内，其覆盖范围10km~100km。

广域网（WAN）：网络覆盖范围跨越国界、洲界，甚至覆盖全球。

个人网（PAN）：把个人范围内（随身携带或数米之内）的电子设备（如便携电脑等）连接起来组成的网络。采用无线方式连接起来的个人网络称无线个人局域网（WPAN），其覆盖范围在10m左右。

（四）从拓扑结构角度划分

从拓扑结构角度划分，网络分为星型网络、环型网络、总线型网络。

星型网络：各站点通过点到点的链路与中心站相连。特点是很容易在网络中增加新的站点，数据的安全性和优先级容易控制，易实现网络监控，但中心节点的故障会引起整个网络瘫痪。

环型网络：各站点通过通信介质连成一个封闭的环形。环形网容易安装和监控，但容量有限，网络建成后难以增加新的站点。

总线型网络：网络中所有站点共享一条数据通道。总线型网络安装简单、方便，需要铺设的电缆最短，成本低，某个站点的故障一般不会影响整个网络，但介质发生故障会导致网络瘫痪。总线型网络安全性低、监控比较困难，增加新站点也不如星型网络容易。

（五）从网络使用目的角度划分

从使用目的角度划分，网络分为共享资源网、数据处理网、数据传输网。

共享资源网：使用者可共享网络中的各种资源，如文件、扫描仪、绘图仪、打印机以及各种服务。因特网是典型的共享资源网。

数据处理网：用于处理数据的网络，如科学计算网络、企业经营管理网络等。

数据传输网：用来收集、交换、传输数据的网络，如情报检索网络等。

（六）从网络服务的角度划分

从服务的角度划分，网络分为客户机/服务器网络、对等网。

客户机/服务器网络：服务器是指专门提供服务的高性能计算机或专用设备，客户机是指用户计算机。这是客户机向服务器发出请求并获得服务的一种网络形式，多台客户机可以共享服务器提供的各种资源。这是最常用、最重要的一种网络类型，不仅适合同类计算机联网，也适合不同类型的计算机联网，如PC（个人计算机）、Mac的混合联网。这种网络的安全性容易得到保证，计算机的权限、优先级易于控制，监控容易实现，网络管理能够规范化。网络性能在很大程度上取决于服务器的性能和客户机的数量。

对等网：对等网不要求文件服务器，每台客户机都可以与其他客户机对话，共享彼此的信息资源和硬件资源，组网的计算机一般类型相同。这种组网方式灵活方便，但是较难实现集中管理与监控，安全性也低，适合部门内部协同工作的小型网络。

三、网络内容的发展模式和阶段

从内容角度来说，互联网发展到现在主要经历了三个阶段，即将经历第四个阶段（以主要流量来源和用户行为目标为划分依据）：第一阶段是传统网络阶段，这个阶段持续了十几年；第二阶段主要是网站和内容流型社交网络并存阶段；第三阶段则是网站弱化、移动App与消息流型社交网络并存阶段；第四阶段则是即将发生的互联网信息全面整合阶段，超级App以用户为基础，承载一切内容与服务，最终完成互联网信息的全面整合。

在第一个阶段，各种传统的网站以"内容为主、服务为辅"为主要形态。而其内容提供方式则主要是信息块和一部分信息流，它的特点是通过静态网站来实现内容展示。这个阶段的内容发现机制是通过搜索引擎进行内容聚合实现的。用户通过搜索引擎寻找内容，使搜索引擎成为事实上的互联网入口，并成为用户与内容的中间商。

这个阶段的互联网，其缺陷相当明显。第一是用户分散，没法聚焦，账号体系缺失，导致内容作者与用户无法互动，因此不能提供持续服务。第二则是用户与网站各自独立。无论是内容找用户，还是用户找内容都非常困难，这导致信息的流通成本很高。第三则是消息流的缺失，导致部分服务要利用沟通工具（如邮箱、QQ 等）实现。这增加了用户与内容提供方的沟通成本。第四则是这个阶段的互联网核心基于域名，用户使用成本非常高，这也间接导致了域名生意的火爆，抢注的现象时有发生。

在第二个阶段，也就是 web2.0 时代，各种网站与内容流型社交网络并存。这个阶段的互联网形态仍然是以内容为主、服务为辅，而其内容与服务提供方式则主要是提供多种信息块与信息流。其中，信息流以内容流为主、消息流为辅。这个阶段的内容发现机制是内容与服务通过社交网络的统一账号得以直面用户。搜索引擎不再是获取信息的唯一渠道。

在这个阶段，互联网发展出现了如下一些改变：第一是通过信息流来提供服务与部分动态内容，取代了之前通过静态网站呈现内容的方式。第二是依托社交网络的初步发展，用户成为互联网的中心，这也体现了"以用户为中心"的企业的一般性策略。第三则是社交网络的发展与聚合作用使得用户聚焦，而统一的账号体系则为用户与内容提供商提供了持续互动的可能，从而促进了内容提供方为用户提供更加长久的内容展示与服务的能力。第四则是动态内容的主动推送，使得内容方不会被遗忘，从而避免边缘化。而这种主动推送也节省了用户寻找内容的时间。

但这个阶段的互联网仍然有很多缺陷。第一个缺陷是信息块的缺失导致用户有时仍然要跳转到其他网站。二是消息流的弱化使得交互不足，导致服务倾向于工具而不是沟通。三是新的工具崛起了，并因此改变了用户的习惯，传统社交网络面临着用户从内容流型社交网络向消息流型社交网络迁移的问题。第四则是这个阶段的互联网的移动属性较弱，不如移动 App 方便。

在第三个阶段，移动 App 与消息流型社交网络等并存，而传统网站面临萎缩。这个阶段是内容与服务并重，内容提供方式则主要是信息流，其中以消息流为主，而以内容流为辅。这个阶段的内容发现机制是借助各种 App 直接为用户提供服务。换句话说，App 成为内容中心，而用户不用再通过搜索引擎或内容流型社交网络这两类中介获取服务了。

在第四个阶段，得益于移动互联网的发展，超级 App 将会诞生，有可能完成早期搜索引擎曾经做过的事情——成为链接中心，打造互联网统一体。

四、网络发展的方向

（一）多媒体与计算机相结合的网络发展方向

多媒体是指多种媒体的综合，在计算机系统中是指两种或者两种以上媒体的人机交互式信息交流和传播媒体。多媒体信息主要有文本、图像、声音、视频影像等。多媒体技术和计算机结合既是多媒体技术的发展需要，也是计算机网络技术的发展需要，它丰富了信息的传播方式，适应了时代的发展需求，是人们更能接受的信息传播模式。目前，多个领域中都有对多媒体技术和计算机技术相结合的应用需求，如远程教育领域、声频处理领域、数据库内容检索领域、通信系统领域、工业领域等。在经济高速发展的时代，人们对艺术的追求、对生活品质的追求也在提高，对信息也是有所挑剔，而多媒体与计算机网络技术的结合正好满足了人们的需求。未来，多媒体与计算机相结合主要向计算机多媒体集成化、网络化和终端智能化发展。

（二）网络一体化分工协作的发展方向

计算机网络的一体化分工协作是指通过对系统的创新、整合、重组等来实现系统整体中有分工、分工中又注意一体化的模式。计算机网络的一体化分工协作正如人类的分工合作一般，可以使计算机网络系统合理、高效地运行。现在，只有一部分计算机网络已经实现了一体化分工协作。计算机网络初期只是比较简单的通信系统，但是随着计算机网络技术的应用范围越来越广泛，人们对计算机性能要求的不断提高，系统逐渐复杂化和多样化。为了适应时代的要求，人们对系统进行重新组合、创新发展。

（三）网络开放性发展方向

网络开放性发展是网络发展的一个必然趋势。随着经济全球化的发展，不同地域、不同国家、不同民族的人都有互相了解的需求，都想通过网络了解外界。基于统一网络通信协议标准的互联网，正是计算机网络系统开放性的体现，计算机网络通信协议的统一标准是在计算机网络的漫长发展历程中慢慢形成的。目前，信息更新速度极快，这便要求注重信息的多渠道来源，实现信息共享，因此网络的开放性发展成为必然。在计算机网络向开放性发展的过程中，要注意网络安全问题，如网络病毒、黑客攻击、信息安全、软件脆弱性等。为了保证计算机开放性的安全发展，要保障网络安全的完整性，促进计算机保密技术的发展，推进反病毒技术的研发，完善相关法律法规，以打击信息盗取、黑客攻击等行径。

（四）安全高效的网络发展方向

近年来，随着现代网络系统规模不断扩大，复杂程度、服务功能不断提升，高性能、安全性高的计算机网络管理系统的建立也得到了高度关注。网络管理是指监控、记录网络资源和使用情况，当网络出现故障时能及时报告并处理，最终实现网络的高效运行，为网络使用者提供良好的网络环境。现在，网络管理存在的问题主要有计算机病毒、黑客攻击、网络管理人员素质低、信息保密性不强等。所以，建立安全高效的网络管理系统，不仅要研究开发更先进的反病毒防火墙、信息加密技术，还要提高网络管理人员的素质，学校要根据时代的发展随时调整人才培养计划，注重实践与理论相结合。

第二节　网络文化基本理论知识

一、网络文化的概念

网络文化应从两个角度来定义，一方面是从技术的角度，另一方面是从文化的角度。从字面来看，网络文化包含"网络"和"文化"两方面内容，这两方面内容是互为依托、缺一不可的。大众一般认为，网络文化是现实社会文化的延伸和多样化的展现，是一种在网络空间形成的文化活动、文化方式及观念的集合。其实，针对网络文化的概念，学界有着不同的观点。

清华大学哲学系万俊人教授认为，网络文化是由网络经济引起的，以网络构成和信息交流的全球普遍化和实践操作的高度技术化为基本特征的文化。经济学理论和思想政治教育专家冯永泰则认为，网络文化是以网络技术为支撑的基于信息传递所衍生的所有文化活动及其内涵的文化观念和文化活动形式的综合体。美国学者戴维·波尔特将网络文化定义为：以计算机技术和通信技术为基础，依靠网络产生、形成或者借助网络得到延伸、发展的各种文化现象的综合。

我们认为网络文化应从狭义和广义两个角度来阐述。从广义的角度来讲，网络文化就是不同于传统文化的，存在于网络中的一种特定文化，是人类的文化，是大众的文化。从狭义角度来讲，网络文化就是建立在计算机技术之上的，对和互联网息息相关的一种人类精神和生活方式的反映。狭义的网络文化是人类科技文明的成果，是人类创造发明的结晶。网络文化不是主流文化，也不是精英文化，而是一种大众文化，是一种人人可以发表观点的、蕴含着大众喜怒哀乐和思想动态的文化。网络文化的形成和创造主体是网民大众，在很多情况下，网民参与和助推了公共事件的形成和发展。和网络的形成与发展一样，网络文化的形成与发展也经历了几个阶段。

在 web1.0 阶段，人们开始利用网络这一平台进行信息交流，这种交流为今后网络文化的形成奠定了基础，可以说是网络文化的雏形阶段。在这个阶段，互联网这种全新的技术逐步被大众接受、认可，这种超越了时间、地域限制的平台给人以无限想象的空间。20 世纪末到 21 世纪初，即 web2.0 阶段，互联网技术向大众需求和实用的方向发展，通过互联网实现双向互动是这一阶段的特征，信息访问者成了信息提供者，真正意义上的网民开始出现，宣告网络文化正式形成。紧接着，网络不断完善，网络的各种功能不断开发，各种应用以及社交平台应运而生，博客、微博、QQ 等聊天社交工具层出不穷，人们可以通过网络展示自己的生活，也可以通过网络发表自己的观点。在此基础上，诞生了一系列网络现象、网络红人、网络语言等，网络制作剧、网络歌曲和网络文学作品也随之出现，网络文化得到了极大的繁荣和发展。

关于网络文化的定义，尚未有一致的看法。大部分观点认为，网络文化是指人们以网络技术为手段，以数字形式为载体，以网络资源为依托，在从事网络活动时所创造的一种全新形式的文化。总体来说，网络文化包含物质、制度、精神三个层面的内容。具体来看，网络文化不仅涉及系统资源、信息技术方面的内容，也包括社会道德准则/规范、国家相关法律制度，更重要的是还涉及人们在开展网络活动时的价值取向、审美情趣、道德观念、社会心理等。

在网络空间形成的文化活动、文化方式、文化产品、文化观念等都是网络文化。网络文化是现实社会文化的延伸和多样化的展现，同时形成了自身独特的文化行为特征、文化产品特色及价值观念和思维方式的特点。从广义上来讲，网络文化属于意识形态的范畴，只是与传统的意识形态的传播方式有所不同，这种意识形态的传播借助网络这个平台，传播范围更广，传播程度更深，影响也更大。

二、网络文化的内容

（一）网络语言

从广义上来说，网络语言是指在所有网络环境中出现的，能够体现网络独特面貌的媒介，它具有电子性、全球性和交互性的特征。从狭义上来讲，网络语言是从网络中产生或应用于网络交流的一种语言，包括中英文字母、标点、符号、拼音、图标（图片）和文字等多种组合。各式各样的网络语言随着网络的兴盛而流行，这些语言以传统语言为依托，具有生动形象、丰富多彩、诙谐、幽默的特征。一些学者对网络语言的产生有些恐慌，认为其影响了传统汉语文化。但是笔者认为，网络语言应取其精华、去其糟粕，应辩证地对待。一些词语，如土豪、菜鸟、楼主等，是无伤大雅的、可以使用的。实际上，《现代汉语词典》中已经有选择地收录了一些网络词语。

网络语言作为网络的次生文化，不仅能反映网民的情绪，还能够折射网民的社会文化心理。除此之外，网络语言还能体现出一个时代的精神风貌和一个国家的文明程度。

（二）网络媒体

网络媒体从本质上来讲，和传统媒体（广播、电视、报纸、杂志）一样，都是信息传播工具，但网络媒体依赖 IT 技术，运用各种网络手段对文字、声频、图片等进行传输。相对于传统媒体，网络媒体具有传播范围广、保留时间长、信息存储空间大、开放性强、操作方便、时效性强、交互性强、成本低的优势。所谓传播范围广，就是指具有的影响力广。传统媒体尤其是报纸媒体，往往只能对某一个特定区域产生影响。比如，《燕赵都市报》主要面向的受众群体为河北地区的读者，而《大河报》则主要面向河南地区的读者。互联网则不然，它实现了全球范围的覆盖和影响。除了覆盖范围广，其形式也多种多样，可以是影像，也可以是动画、声音，还可以是文字、图片等。而计算机强大的存储能力，可以将记录在网上的文字永久地保存下去。自 1994 年我国接入互联网以来，我国众多传统媒体纷纷转型，开始与互联网相结合。比如，《人民日报》适时推出了网络版，受到了人们的好评。《羊城晚报》《南方周末》的微信公众号也受到了广大读者的欢迎。

（三）网络游戏

网络游戏往往是指游戏玩家通过互联网进行的游戏。网络游戏的诞生使人们的网络生活更加丰富，也使网民形成了不同的小圈子。他们除了玩游戏，还在各个论坛和网站讨论各种攻略以及游戏内容和喜好等。网络游戏具有大众化的特点，网络游戏往往制作精良、逼真，音乐和剧情也很吸引人。很多游戏能使不同国界的不同玩家一起操作，从而拉近了世界网民的距离。网络游戏的种类有很多，有养成类游戏、卡牌类游戏、打斗类游戏、战争类游戏和益智类游戏等，能够满足不同年龄段、不同人群的喜好。网络游戏是网络文化中不可或缺的组成部分，围绕网络游戏而形成的文化产业已逐步成为国民经济发展中不可忽视的重要力量，具有十分重要的意义。但网络游戏对青少年的负面影响也很大，网络游戏新、奇、趣的特点使很多青少年沉溺其中而不能自拔，导致生活和学业受到影响。所以，如何正确对待网络游戏是教育工作者需要重视的问题。

（四）网络歌曲和网络视频

网络歌曲没有明确的定义。广义的网络歌曲就是指借助网络发布于互联网平台的各种歌曲，狭义的网络歌曲是一种网络原创的，借助mp3、flash等制作技术，反映青年生活、思想、心境，在网络上广为流传的歌曲。网络歌曲的特点包括网络原创、容易引起网络受众共鸣和受众群体年轻化。

网络视频是一种动态影像，包括各类影视节目、新闻、广告、Flash动画、自拍DV、聊天视频、游戏视频、监控视频等。这里所说的网络视频，主要是指网民自制的用以消遣、调侃的视频。网络剧是近几年开始发展壮大起来的，不同于传统的影视模式，网络剧不以票房为赢利点，而是靠网民的点击率、广告植入、视频平台购买播放权等赢利。网络剧与电视、电影的区别主要是播放媒介不同，传统电视剧的播放媒介主要为电视，网络剧的主要播放媒介是电脑、手机、平板电脑等网络设备。网络剧作为网络文化的组成部分，发展前景广阔，对社会也具有重要的影响。

（五）网络文学

所谓网络文学，就是指以网络为载体发表的文学作品，其本身并没有一个明确的界限。网络文学与传统文学并不是相对立的，互联网的发展使得传统文学与网络文学相融合，很多传统文学作品被制作成电子书发布于各个网络文学平台，供大众阅读，网络文学的赢利主要靠点击率和用户付费。我国最早、影响力最大的网络文学平台有"榕树下""碧海银沙"等，后来随着网络的进一步完善，起点中文网、17K小说网等网络文学平台逐渐发展壮大起来。网络文学平台对原创作者没有限制，对作者的学历、身份、文学基础没有任何要求，任何人都可以在网络平台上发布自己的作品，并可以凭借作品的点击率赢得关注或获得报酬。在这种无门槛、无门界、无限制的情况下，迅速诞生了一批网络作家，其中不乏优秀的作家和作品。近些年，以网站为主要依托的网络文学逐步发展到小说 App 等各种门类，方便网民用手机阅读和浏览。

（六）网络交往

交往就是两个或者两个以上的个体为交流信息而建立的来往过程。在互联网视域下，网络交往成了网络生活中必不可少的部分，网络交往也因此成为网络文化的重要组成部分。网络交往没有明确的定义，目前大部分学者认为网络交往就是人们以互联网为交际工具进行的人际交往活动。网络交往的形式主要有聊天工具，如 QQ、微信等，以及网上虚拟社区和各个平台，如微博、讨论区等。随着互联网的进一步发展，直播工具、视频平台也成了网络交往的一种形式。另外，电子商务、电子购物等也是网络交往的一部分。网络交往和社会中的人际交往一样，也是一种人与人的社会联系，也是以语言、文字为媒介，通过对话达到人与人之间的沟通。不同于传统的交往，网络交往具有隐蔽性和匿名性。

（七）网络问政

网络的蓬勃发展为公民的参政议政提供了平台。许多政府部门纷纷在微博、微信平台上建立自己的官方微博、公众号、订阅号等。比如，北京公安系统建立的"平安北京"，以其亲民的语言、贴近民生的内容和及时互动的资讯得到了网民的青睐，自创立至今已吸纳上千万粉丝。总的来说，网络问政就是政府有关部门通过互联网了解民生、汇集民意，以达到民主决策、为民办事、服务于民的目的。政务网络平台往往更加贴近民生，因此得到了网民的广泛好评，使得网络问政成为政府了解民情的重要渠道，而政务微博的内容和网民的反馈也构成了网络生活的一部分。

三、网络文化的特征

网络文化的特征可从普遍性特征和非典型性特征两方面去阐述。在普遍性特征方面，网络文化具有虚拟性、多元性、大众性；在非典型性特征方面，网络文化具有个性化、补偿性和极端性的特点。

（一）网络文化的普遍特征

1. 虚拟性

虚拟性是指在网络空间，主体的形象、身份和行为被数字化，主体活动是一种符号化的活动。具体来说，虚拟是网络空间得以存在和发展的关键所在。网络空间是一种由"比特"构成的数字化电子虚拟空间，它不同于现实物理空间，正是这些数字符号决定了网络空间的虚拟性。在现实生活中，人们可能扮演不同的角色，但其身份终究是真实可靠的。然而在虚拟空间，也就是在网络中，主体的形象、身份和行为都被数字化了，换言之，主体的活动其实是一种符号化的活动。这样，一切都是虚拟的，场景、人、物，甚至人的表情都用数字和符号来代替。所以，网络世界虽然在功能效应上是真实的，但存在的形式却是虚拟的、非真实的。这种符号代替的特征使得网络空间失去了现实空间的确定性和稳定性，通过一系列文本或者图片符号来塑造自己的形象与身份。同时，人们认为网络虚拟空间不仅不受时间与空间的限制，还冲破了现实世界条条框框的束缚。虚拟空间的存在，使人们可以摆脱时间与空间的限制，实现随时随地与不同国籍、不同民族或不同阶层的人沟通和交流的愿望，所以人们越来越倾向于借助网络与他人进行沟通交流，以维持和拓展自身的人际关系。空间的虚拟化除了对人际交往有一定影响，对人类的消费方式等也会产生一定影响。比如，电子商务的出现不仅颠覆了人们的购物习惯，让人足不出户就可以获得自己想要的商品，还解决了大批就业岗位，带动了经济的发展。

2．多元性

文化从范围角度可分为主流文化和非主流文化。主流文化是一个社会意识形态的重要组成部分，影响着社会的风气和精神面貌。非主流文化是相对主流文化而言的小众文化，往往难以与主流人群达成共识。我国传统的主流文化推崇爱国、友善、公德、责任、秩序等，主流文化是一种积极向上的、健康的文化。在网络文化中，主流文化是最重要的组成部分，但网络的特性使得网络上的一些非主流文化逐渐显现出来。非主流文化俗称亚文化，也能赋予人可以辨别身份属性的特殊精神风貌和气质。非主流文化可以说是一种具有夸张与扭曲特征的网络亚文化。除了主流文化和非主流文化，网络文化的多元性还体现为西方文化的融入。由于互联网在一定程度上实现了世界一体化，西方的一些价值观念也随之涌入。涌入的文化形态既有积极的一面，也有消极的一面，有西方先进的教育理念和制度文化，也有拜金主义、享乐主义等具有负面影响的文化。从这一点来说，网络文化是一个复杂的、多元化的文化熔炉。

3．大众性

从字面上理解，"大众"含有群众、平民、大量的意思。我们都知道，互联网的出现深刻地影响了人们的生产方式、思维方式和生活方式。网络具有开放性、时效性、扩展性和隐匿性。所以在网络上，人们可以更加自由地，不受职业、性别、学历、年龄、收入的影响而充分地表达自己的想法。部分学者将网络文化称为"草根文化"，也就是说网络可以成为任何人展现自己的舞台。在网络上，人们不再仰视专家、学者、明星，而是将专家的观点与自己的观点进行比较、分析，从新的角度提出自己的看法和见解。网络文学、网络歌曲等很多都是草根阶层创作发布的作品，但不影响它们在大众群体中的传播，因为草根作品真实地反应了大众的生活和心声。

（二）网络文化的非典型特征

1．个性化

网络是一个张扬个性的平台，其多元性、虚拟性的特征为网民张扬个性提供了条件。网络文化的个性化包含很多方面，这里着重介绍网络语言的个性化。借助网络，网民在交流信息的过程中，产生了与传统人际交流有所不同的感受。在网络传播的影响下，网民趋于选择符合自己个性特点的符号或者简单易懂的文字进行表达。比如，在微博平台上，网民常将自己的观点用各种或诙谐或简略的语言表达出来。网络文化的个性化在教育、消费、阅读等方面都得到了进一步的体现。

2．补偿性

互联网是有着巨大吸引力的虚拟空间。在这里，人们可以大胆发表自己的意见，发挥自己的聪明才智，充分展现自己的闪光点，并相互交流、相互帮助，获得尊重、友情，实现自我价值。对很多人来说，现实生活中很难有这样的机会。因此，网络文化具有"补偿性"特征。

由于人们乐于在网上表达自己的喜怒哀乐，倾泻积累的不平和怨气，对社会、文化、经济等方面的话题发表自己的看法，因此网络成了反映民情的最好渠道，成了社会的"晴雨表"。政府部门不仅可以从网上看到民众的基本心态和社会的主要问题，还可以有意识地利用网络，对关系到国计民生的重大事件，广泛征求民众的意见，使决策更具科学性，有更广泛的群众基础。

3．极端性

社会心理学家认为，通过群体讨论，无论最初的意见是哪一种倾向，其观点都会被强化，这种现象被称为群体极化效应。人们普遍有着从众心理，并希望自己表现得更加突出，就会在不知不觉中把原有的观点推向极端化。网络具有实时性、互动性和开放性，使得在极短时间内，数量极多的人参与讨论。人们相互攀比、逐步强化，产生了极其强大的群体极化效应。

互联网放大了个体行为的影响，聚合了个体行为的能量。原本一些分散在各处、被社会忽略的少数人聚集起来，形成了小的群体，并有着不断增大的趋势。现实生活中分散的、不受人注意的丑恶现象往往能通过网络集中地反映出来。这是有些人对网络文化大加抨击的主要原因之一。实际上，在网络文化中，这些丑恶现象及其散布者只占有很小的比重。

网络文化的极端性特征可以迅速把"善"放到最大，有利于促进社会公德、推动制度完善。网络形成的"群体极化"现象，有助于树立社会主义核心价值观、传播科学精神。

四、网络文化的功能

网络文化是新兴技术与文化内容的综合体，单纯强调任何一个方面都是不妥当的。我们既可以从网络的角度看文化，也可以从文化的角度看网络。前者强调从网络的技术性特点切入，突出由技术变革引起的文化范式变迁。而后者则主要从文化的特性出发，强调由网络内容的文化属性引起的文化范式转型。网络文化具有自己的特点，不同的特点呈现不同的功能。掌握网络文化的特征与功能，可以更好地理解网络文化、网民。

1．导向性功能

网络文化是一种开放、自由的互动文化，网络思想教育是随着网络技术水平的日益提高和网络文化的深入发展而产生的一种新生事物，是一种新的认识工具与教育手段。它对加强教育者与广大受众的互动教育具有引导作用。网络文化传播的途径主要是潜移默化的暗示、因势适时的导向和循规蹈矩的规范。在网络环境中传播的政治、经济、科技、文化等方面的信息，对人们的思想道德、价值观念、行为方式的形成与发展具有一定的导向作用。

第一，网络文化具有指向性。具体体现为：内容指向是明确、具体的，反映在广大受众的理想信念、价值观念、奋斗目标、行为规范等领域；价值指向是明确的，体现为理想价值指向、思想价值指向、政治价值指向、利益价值指向都有着相对确定的标准，从而使受众认同、规范自己的行为。

第二，网络文化具有目的性。网络文化渗透的是一种文化价值观，冲击着另一种文化价值观。它告诉受众价值观的内容和标准，并要求受众按照这些内容和标准去实践，从而使受众在实践中接受这些价值观。

第三，网络文化具有稳定性。稳定性是导向功能的指向性与目的性合乎逻辑的发展。政治、经济、文化的理想、格局、思潮一旦出现，便会成为人们理想的追求，一旦形成比较完善的价值形态，便会成为人们推广或完善的理念。

2. 承传性功能

文化产生于人的社会生活和社会生产，又对人类社会生产和社会生活产生影响。网络对文化的传播起着承上启下的作用。

第一，网络具有更好地保存、传递文化的功能。在人类历史上，生产工具的出现对社会发展具有重要作用，它创造了人类文明，推动了文化的发展。印刷术尤其是印刷机的发明，引发了人类文明史上第一次信息技术革命，使人类信息的交流发生了质的飞跃。进入 20 世纪，计算机与通信的结合、信息高速公路与多媒体技术的不断发展引发了第二次信息技术革命。计算机实现了信息数字化，从而使信息的载体和传输介质发生了质的飞跃。电子信息交流的出现，网络化、数字化信息环境的加速形成，使人类社会从工业社会跃进信息社会。"书面文字不仅不再是储存和传递信息的唯一方式，而且不是最好的方式。目前这一代计算机已经能够在较小的空间储存大量资料，能够比任何时代的印刷品更迅速、更可靠地传递资料。下一代计算机将更为迅速、更为轻便，成本更加低廉，可靠性更好。"应运而生的网络文化以其自身鲜明的特征，对传统的文化传播方式、语言表达方式、知识存储方式都产生了极大的冲击。

第二，网络具有选择文化的功能。文化诞生伊始就呈多元分布，文化多元不仅表现在区域上，还表现在每一区域、每一集团文化内部的主文化与亚文化之别上。各种文化在思想意识、道德观念和行为习惯上都有自己的特征。网络文化的形成和交流与其他文化一样，必须从其他文化中汲取一些成分，以丰富和壮大自己。文化是随着人类物质生产的进步和文化保存手段的改进而发展和丰富的，文化中既有与时代要求一致并能推进时代进步的内容，也有由于时代的进步而变得陈旧的内容。

文化本身的性质和人类保存、传递文化的有限性，决定了人类保存和传递文化必然具有选择性。人们在网络文化中总是从自己的需要出发对文化进行选择、保存和传递。选择的标准是以自身的需要为基础的。网络文化的选择也意味着文化排斥，即排除陈旧的、过时的或与时代要求相悖的、有害的文化要素，淘汰无用的内容，批判有害的文化要素，澄清文化方向。文化的选择功能具有优化文化保存、传递的功用。

第三，网络具有创造新文化的功能。网络文化是一种自由开放、平等的个性化文化，网络的文化创造功能在于随着时代的发展、科技的进步提出新的思想观点和道德要求，形成新的价值观念和行为习惯。网络文化是通过自己的活动表现文化的创造功能的。网络文化的创造性和自主性密切相连，自主性使用户的个性得到尽情发挥，从而推动创造性的发展，培育一批创造文化的人才。网络文化发展的过程不是简单的复制，必然包含某种程度的创新，正是这些创新推动和促进了文化的创造。

3．渗透性功能

传统的思想教育是一种内塑型模式，强调的是直接灌输，即强调教

19

育目的的明确性和教育方式的直接性，明确而直接地将相关信息传播给受教育者，明确地通过文字或语言告知受教育者应该做什么、怎么做、不能做什么。网络文化对用户思想的影响是潜移默化的。网络文化在进行思想道德教育时，一方面信息一般并不明确、直接地表明其思想教育的目的和该做什么、不该做什么，而常常以客观、公正，甚至科学、时尚、前卫的方式出现；另一方面，网络平台为人与人之间的交流提供了技术平台，人们在网上交往时隐蔽了性别、年龄、身份，隐瞒了交往的真实主体，为随意使用网络提供了方便。网络文化对用户的影响是隐蔽的、不公开的。网络文化中的价值观、道德观是在不知不觉中对用户产生影响的。

4．教育性功能

从社会学的观点看，教育也是一种文化，它是社会赋予其成员文化特质的过程，是主文化实现文化控制的一个有力的组织系统。这个系统通过文化无意识地对社会成员灌输一定的文化思想和行为，更主要的是通过文化无意识地对社会成员进行文化渗透。从整体上看，网络文化与教育的关系是双向互动的关系。一方面，教育具有传递、传播、选择和促进文化变迁的重要功能，网络文化知识只有通过教育才能得到传承与完善；另一方面，教育本身就是一种文化存在。在网络文化背景下，教育具有广泛性与平等性、科学性与人文性、个性化与创新性、终身性与全息性、国际性与民族性等多方面的特征。网络的方便快捷加快了受众对现代科学知识和生活经验的了解与掌握，极大地丰富了教育的内容，拓宽了教育的渠道。受众通过网络文化，能够了解世界各地的文化传统、最先进的科学文化知识、丰富多彩的文学艺术，认识多元文化组成的多元世界，在潜移默化中接受新的价值观和文化模式。

第二章　大学生网络文化素养

第一节　网络文化素养的内涵及其内容

21世纪是网络信息的时代，蓬勃兴起的计算机网络系统是人类历史上信息技术的又一重大变革。而随着全球经济一体化的到来，全球化的生存理念冲击着多元文化和多元世界，给人类社会带来了巨大而深远的影响，成为推动历史发展的重要力量。大学生作为具有较高文化层次的特殊群体，无疑是受网络影响最深、最广的群体之一。在这种社会背景下，网络文化的产生和发展必然给高校思想政治教育带来前所未有的严峻挑战，特别是对大学生网络文化素养提出了更高的要求。"互联网＋"的开放性、全球性、虚拟性、身份的不确定性、非中心化与平等性等特征，阻碍了大学生良好的网络文化素养的形成。加强大学生网络文化素养的培育，需要在充分认识网络文化以及网络文化素养的基础上，直面大学生网络文化素养现状，解决大学生在网络言语、网络行为、网络思维、网络价值观四个方面存在的问题，构建风清气正的网络环境。

一、网络文化素养的内涵与重要性

互联网的发展对大学生的网络文化素养提出了更高的要求。高校作为社会文化的引领者，一定要坚守网络文化的价值底线，制定科学合理的网络行为规范，倡导学生使用健康文明的网络生活方式，提升学生的网络文化素养。

（一）网络文化素养的内涵

网络文化素养是指适应时代发展要求，掌握基本的互联网技术和使用方法，具备良好的网络道德管理、信息处理和知识判断能力，能够在网络空间中灵活、合理、安全地接受、传播和利用信息的综合素质。

具体来说，网络文化素养包括四项能力：一是选择多少的能力，网络时代信息纷繁复杂，如何控制信息获取的数量，避免信息超载和信息异化，成为网络信息环境大学生需要掌握的基础能力；二是辨别真伪的能力，在庞大的信息流当中，大学生要学会甄别真实可靠的消息，避免错误消息的误导；三是价值取向的能力，一切信息背后都有价值观的指导，即使是真实可靠的信息背后，也存在多种价值观的冲突，如何在真实的基础上保证正确的价值取向，成为大学生网络文化素养的更高要求；四是行为选择的能力，价值取向决定行为选择，保证正确的价值取向，最终的指向是指导行为选择。网络时代，网络文化素养成为思想政治教育的组成部分，教育大学生在正确认识世界的基础上，正确融入和改造世界，是进行网络文化素养培育的导向，也是培养塑造大学生理想信念的重要一环。

（二）网络文化素养的重要性

第一，网络文化素养有助于维护个人信息安全。增强个人信息保护意识，如合理安排上网时间、不随意泄露个人信息，维护个人信息安全。

第二，网络文化素养能够帮助个人识别网络上的可信资源，避免误入不良网站，增强防范警惕意识，保护个人权益。

第三，网络文化素养有助于维护网络安全，包括学习设置强密码、定期更新软件、注意网络钓鱼等常见的网络安全策略，从而最大限度地保护个人信息和财产安全。

在网络社交方面，网络文化素养有助于促进文明、理智的网络交流，建立和谐的网络社区，提高社交行为的文明程度，避免在网络上发布不实言论或恶意攻击他人的言论。

对学生而言，学习如何正确使用互联网、识别和评估信息的真实性等技能，能够提高信息获取能力和判断力，为未来的学习和工作打下坚实的基础。

综上所述，对个人而言，网络文化素养能够增强其信息安全意识，提高其对网络资源的正确使用和评估能力；对社会而言，网络文化素养有助于营造健康的网络环境，促进社会和谐发展。因此，提高网络文化素养是个体和社会共同的责任和需求。

二、网络文化素养的内容

在当今数字化时代，网络已成为大学生学习、生活、社交不可或缺的一部分。因此，培养良好的网络文化素养对大学生至关重要。网络文化素养不仅关乎个人在网络空间中的行为规范，更直接影响其综合素质的提高和社会责任感的增强。

（一）信息素养

信息素养是网络文化素养的核心，它要求大学生具备以下能力：

1. 信息获取能力

信息获取能力是指能够熟练运用各种搜索引擎和数据库，快速、准确地找到所需信息。

（1）掌握多元化搜索工具

搜索引擎的精通：大学生应熟练掌握一些主流搜索引擎的高级搜索功能，包括使用引号进行精确匹配、利用通配符进行模糊搜索、设置时间范围筛选最新或历史信息等。此外，还应了解不同搜索引擎的专长领域，以便根据需求选择合适的搜索平台。

专业数据库的利用：在学术研究、论文撰写等领域，大学生应学会利用图书馆资源、学术数据库（如 CNKI、万方等）以及行业报告数据库等，这些平台往往能提供更为专业、权威的信息资源。

社交媒体与论坛的探索：除了传统搜索渠道，大学生还应关注社交媒体平台（如微博、知乎等）和行业论坛，这些地方往往聚集着大量行业专家和爱好者，他们的分享和讨论能为大学生解决问题提供新的视角。

（2）制定高效搜索策略

明确搜索目标：在开始搜索之前，明确自己的需求和目标，这有助于确定更加精准的搜索关键词和策略。

关键词优化：尝试使用不同的关键词组合进行搜索，包括同义词、近义词、相关术语等，以扩大搜索范围，并提高相关性。同时，注意关键词的排列顺序和逻辑关系，以提高搜索的准确性。

分步搜索：对复杂问题，可以采用分步搜索的策略。首先搜索整体概念和背景知识，然后逐步深入，针对具体问题进行详细搜索。

（3）评估与筛选信息

来源可信度评估：在获取信息时，要关注信息的来源是否可靠。优先选择来自权威机构、知名媒体或专家学者的信息，避免被不实信息误导。

内容质量判断：仔细阅读信息内容，判断其是否准确、全面、客观。注意检查信息中的事实、数据、引用等是否可靠，避免被不实信息影响。

时效性考量：在搜索过程中，要注意信息的时效性。对于需要了解最新动态或趋势的问题，要特别关注信息的发布时间和更新频率。

（4）持续学习与更新

关注行业动态：保持对所在领域或感兴趣行业的关注，及时了解行业动态和最新研究成果，以便在需要时能够快速找到相关信息。

提升技术素养：随着技术的发展，新的搜索工具和平台不断涌现。

大学生应不断提升自己的技术素养，学习并掌握新的搜索技术和方法。

反思与总结：每次搜索后，反思自己的搜索过程和结果，总结经验教训，通过不断反思和总结，提高自己的搜索效率和准确性。

2．信息判断能力

信息判断能力是指对获取到的信息进行甄别和筛选，以判断其真实性、可靠性和价值性。

在信息洪流中，大学生不仅需要具备强大的信息获取能力，更需要练就一双"慧眼"，对获取到的信息进行有效的甄别和筛选，以判断其真实性、可靠性和价值性。这一过程不仅关乎个人知识的准确性，更直接影响决策的科学性和社会的健康发展。

（1）信息评估的重要性

在信息时代，信息的真实性和可靠性往往参差不齐。网络空间中充斥着虚假信息、误导性内容以及偏颇性观点，若不加以甄别，很有可能误导个人判断，甚至引发社会混乱。因此，大学生应深刻理解信息评估的重要性。

（2）掌握信息甄别的基本方法

查证信息来源：要关注信息的发布者和发布平台。权威机构、知名媒体和专家学者发布的信息往往具有较高的可信度。相反，对来源不明的信息或来自不可靠渠道的信息，应持谨慎态度。

对比多方信息：不依赖单一信息源，通过对比多个来源的信息来验证其真实性。

关注信息细节：仔细分析信息的逻辑性、一致性和完整性。虚假信息往往存在逻辑漏洞、事实矛盾或信息缺失等问题。

利用专业工具：借助事实核查网站、谣言辟谣平台等，对存疑信息进行快速验证。

（3）评估信息的可靠性和价值性

判断信息的时效性：对于需要了解最新动态或趋势的信息，要特别关注其发布的时间和更新频率。过时的信息可能会失去参考价值。

评估信息的深度与广度：分析信息的内容，判断其是否正确、深入。同时，考虑信息的覆盖范围是否全面，以评估其整体价值。

判断信息的立场：识别信息中可能存在的立场倾向。了解信息发布者的背景、动机和利益关系，以判断其是否客观、公正。

结合个人需求与背景：将获取到的信息与个人需求、知识背景和实际情况相结合，评估其对自己或社会的实际价值。

（4）培养批判性思维

在信息判断过程中，批判性思维是不可或缺的能力。大学生应学会对信息进行质疑、分析和评估，不盲目接受或拒绝任何信息。有了批判性思维，大学生可以更好地识别信息中的误导性内容、偏颇性观点和虚假信息，从而做出更加明智的决策。

3．信息分析能力

信息分析能力是指对信息进行深入分析和解读，提取关键信息，形成自己的见解和观点。

（1）信息分析的重要性

信息分析不仅仅是指对信息的简单整理和归纳，还包括对信息背后深层次含义的挖掘和理解。通过信息分析，大学生能够洞察事物发展的规律和趋势，预测未来的可能变化，为决策制定提供有力支持。同时，信息分析也是培养批判性思维、创新思维和解决问题能力的重要途径。

（2）掌握信息分析的基本步骤

信息整理与分类：对收集到的信息进行整理，去除冗余和无关内容，按照一定的逻辑关系对相关信息进行分类和归纳。

提取关键信息：运用各种方法（如关键词搜索、摘要提取、图表分析等），从整理好的信息中提取出关键信息点，这些信息点通常是解决问题的关键所在。

信息关联与对比：对提取出的关键信息点进行关联和对比，分析它们之间的内在联系和差异，进一步揭示信息的深层次含义。

信息解读与推理：基于前三个步骤，对信息进行深入的解读和推理，尝试回答"为什么""怎么样"等问题，形成对问题的全面认识。

形成见解与观点：在充分理解信息的基础上，结合个人的知识背景、经验积累和价值观，形成自己独到的见解和观点。

（3）运用多样化的分析工具和方法

定性与定量分析结合：既要对信息进行定性的描述和解释，又要运用统计方法、数学模型等工具进行定量分析，以便更准确地把握信息的本质和规律。

可视化工具的应用：利用图表、图像、动画等可视化工具将复杂的信息转化为直观、易懂的形式，以此更好地理解和分析信息。

跨学科视角的融合：在信息分析过程中，尝试从不同学科的角度审视问题，融合多学科的知识和方法，以形成更全面、更深入的见解。

（4）培养批判性思维和创新精神

在信息分析过程中，大学生应始终保持批判性态度，不轻易接受未经证实的观点或结论。同时，鼓励大学生发挥创新精神，尝试运用新的方法和工具进行信息分析，以发现新的规律和趋势。

4．信息利用能力

信息利用能力是指将分析后的信息应用于学习、科研、社交等各个方面，以提高个人综合素质。

（1）信息利用能力在学习领域的深度应用

个性化学习路径：基于信息分析，识别自己的学习需求、兴趣点和薄弱环节，制订个性化的学习计划和资源清单，提高学习效率和质量。

知识整合与创新：将获取的信息与自己的已有知识相融合，形成新的知识体系或创新点。通过跨学科的信息整合，培养综合思维能力和解决问题的能力。

学术研究与论文撰写：在科研过程中，运用信息分析的结果，指导研究方向、设计实验方案、验证假设等。同时，将分析后的信息作为撰写论文的素材，以提高论文的学术价值和创新性。

（2）信息利用能力对科研的影响

科研选题与趋势预测：通过分析行业报告、学术文献等信息，把握学科前沿和研究热点，为科研选题提供科学依据。同时，预测未来发展趋势，为科研规划提供方向性指导。

实验设计与数据分析：在科研实验中，运用信息分析的结果设计实验方案，确保实验的针对性和有效性。同时，对实验数据进行深入分析，挖掘数据背后的规律和趋势，为科研成果的产出提供有力支持。

科研成果的转化与应用：将科研成果转化为实际应用产品或技术解决方案，推动科技进步和社会发展。在信息分析的基础上，评估科研成果的市场价值和社会影响力，制定合适的转化策略。

（3）信息利用能力对社交的影响

精准沟通策略：在社交活动中，根据对方的兴趣爱好、职业背景等信息，制定精准的沟通策略和内容，提高沟通质量。

网络社群的管理与运营：在信息分析的基础上，了解社群成员的需求和期望，制订合适的社群运营策略和活动计划，通过有效的信息传递和互动，提高社群的凝聚力和活跃度。

跨文化交流与理解：在全球化的背景下，运用信息分析能力，能够了解不同文化背景下的价值观、习俗和沟通方式，通过精准的信息传递和尊重差异的态度，促进跨文化交流和理解。

（4）信息利用能力对个人综合素质的影响

决策能力的提高：在信息分析的基础上，形成科学的决策依据和判断标准，通过综合考虑各种因素和信息来源，提高决策的科学性和准确性。

创新能力的培养：在利用信息的过程中，不断尝试新的方法和思路，培养创新思维和创新能力，不断挑战自我和突破常规，实现个人价值的最大化。

团队协作与领导力的提高：在信息分析的基础上，明确团队目标和任务分工，通过有效的信息共享和沟通协作，提高团队的凝聚力和执行力。同时，培养领导力，带领团队共同实现目标。

（二）网络安全素养

1. 网络安全知识

理解基础概念：了解网络安全的基本概念，如网络攻击、病毒、木马、钓鱼网站、网络诈骗等，以及它们对个人信息和财产安全的威胁。

密码安全：使用强密码，并定期更换。密码应包含大小写字母、数字和特殊字符，避免多个账户使用相同的密码。同时，启用双因素认证，以增加账户安全性。

软件与系统更新：保持操作系统、浏览器和常用软件的更新，及时安装安全补丁，以防止黑客利用已知漏洞进行攻击。

防病毒与防火墙：安装可信赖的防病毒软件和防火墙，并定期更新病毒库，以保护设备免受病毒和恶意软件的攻击。

网络钓鱼与诈骗防范：警惕未知来源的邮件、短信和电话，不轻易点击其中的链接或下载附件。对于要求提供个人信息或转账的请求，务必核实对方身份。

隐私保护：不随意在网络上公开个人信息，如家庭地址、电话号码、银行账户等。在使用社交媒体时，注意设置隐私权限，避免泄露过多个人信息。

2．网络安全技能

信息甄别与筛选：对获取到的信息进行甄别和筛选，判断其真实性、可靠性和价值性。不轻易相信未经证实的消息或谣言。

应急响应能力：在遭遇网络攻击或信息泄露时，能够迅速采取应对措施，如断开网络连接、更改密码、报告相关部门等。

数据备份与恢复：定期备份重要数据，并熟悉数据恢复的方法。在数据丢失或损坏时，能够迅速恢复数据，以减少损失。

网络安全设备使用：了解并熟练使用网络安全设备，如防火墙、入侵检测系统（IDS）、入侵防御系统（IPS）等，以提高网络的安全性。

3．网络安全态度

持续学习：保持对网络安全知识的持续学习和关注，了解最新的网络威胁和防护措施。

遵纪守法：遵守与网络安全相关的法律法规和规章制度，不参与任何违法活动或传播违法信息。

责任意识：认识到自己在网络安全中的责任和义务，积极维护网络秩序和信息安全。

团队协作：在网络安全工作中注重团队协作和信息共享，共同应对网络威胁和挑战。

（三）网络道德素养

1．网络道德素养及其重要性

网络道德素养是指在网络环境中，个体应遵守的道德规范和行为准则。它不仅是个人品德修养的体现，也是维护网络健康、有序、文明发展的重要保障。随着互联网的普及，网络平台已经成为人们交流思想、传播信息、学习知识的重要平台。然而，网络空间的匿名性和虚拟性也使得一些人在网络空间中放松了对自己的道德约束，出现了网络暴力、谣言传播、隐私泄露等不道德行为。这些行为不仅损害了他人的合法权益，也破坏了网络空间的和谐与稳定。因此，提升网络道德素养显得尤为重要。

2．当前存在的问题

当前，网络道德素养缺失主要表现为以下几个方面：

网络暴力：一些人在网络上使用侮辱性、攻击性的语言攻击他人，甚至进行人肉搜索、网络欺凌等行为，给受害者带来极大的精神伤害。

谣言传播：一些人不负责任地编造、传播虚假信息，导致社会恐慌和混乱，破坏了社会稳定和信任的基础。

隐私侵犯：一些人在网络上非法收集、泄露他人隐私信息，侵犯了他人的合法权益和尊严。

不良信息传播：色情、暴力等不良信息在网络上泛滥，对青少年的身心健康造成严重影响。

3．如何提升网络道德素养

提升网络道德素养，我们可以从以下几方面入手：

加强教育引导：学校、家庭和社会应共同承担起教育引导的责任，通过开设相关课程、举办讲座、开展主题活动等方式，普及网络道德知识，引导学生树立正确的网络道德观念。

完善法律法规：国家应加快完善网络法律法规体系，加大对网络违法行为的打击力度，为网络空间的健康发展提供有力的法律保障。

强化自律意识：每个网民都应自觉遵守网络道德规范，做到文明上网、理性表达、尊重他人、保护隐私等。同时，对于发现的网络不道德行为，应及时举报，共同维护网络空间的风清气正。

营造良好氛围：媒体和互联网平台应积极传播正能量，弘扬主旋律，营造风清气正的网络环境，通过推出优秀网络文化产品、开展网络公益活动等方式，引导网民树立正确的价值观和道德观。

（四）网络自律能力

网络自律能力是指大学生在网络空间中自我约束、自我管理的能力，包括以下几点：

合理控制上网时间：避免沉迷于网络游戏、社交媒体等虚拟世界，保持健康的生活习惯。

明确上网目的：在上网前明确自己的目的和需求，避免漫无目的地浏览和浪费时间。

提高自我管理能力：通过制订计划、设定目标等方式，提高自己在网络空间中的自我管理能力。

1. 网络自律能力的重要性

网络自律能力，是指个体在网络环境中自我约束、自我管理的能力，它体现在对网络行为的理性判断、合理选择以及自我控制上。一个具备良好网络自律能力的人，能够自觉地遵守网络道德规范，抵制不良信息的诱惑，维护个人信息安全，同时促进网络空间的和谐与文明。因此，网络自律能力不仅是个人品德修养的体现，也是构建健康网络生态的基石。

2. 面临的挑战

信息过载：互联网上的信息量庞大且繁杂，容易让人产生"信息焦虑"，难以分辨真伪，影响决策效率。

网络成瘾：过度沉迷网络游戏、社交媒体等，导致时间管理失控，影响学习、工作和生活质量。

网络欺凌：匿名性和虚拟性使得一些人在网络上肆意发表攻击性言论，参与网络欺凌，损害他人名誉和心理健康。

隐私泄露：个人隐私信息面临被泄露的风险，影响个人安全和社会信任。

3．如何培养和提高网络自律能力

增强自我意识：首先要认识到网络自律的重要性，明确自己在网络空间中的角色和责任，树立正确的网络道德观念。

合理规划时间：制订合理的时间管理计划，合理安排上网时间，避免过度沉迷于网络，可以尝试使用番茄工作法、时间管理工具等方法来提高效率。

筛选优质信息：学会辨别信息的真伪和价值，关注权威媒体和官方渠道发布的信息，避免被虚假信息误导。

保护个人隐私：增强隐私保护意识，不随意透露个人敏感信息，如身份证号码、银行账户等。同时，定期检查和更新账户密码，确保个人信息安全。

积极参与网络治理：遇到不道德的网络行为时，勇于发声，及时举报。同时，也可以参与网络公益活动，为构建健康网络生态贡献自己的力量。

培养兴趣爱好：丰富自己的业余生活，培养多种兴趣爱好，减少对网络的依赖，通过阅读、运动、旅行等方式，拓宽视野，丰富精神世界。

（五）网络创新素养

1．网络创新素养的定义

网络创新素养是指个体在具备基本网络技能的基础上，能够运用创新思维和创新方法，在网络环境中发现问题、分析问题，并寻求创新解决方案的综合素质。它涵盖创新思维、创新意识、创新能力以及网络技术的综合运用能力等多个方面。

2．网络创新素养的重要性

适应时代需求：随着互联网的普及和发展，网络已成为人们获取信息、交流思想、开展合作的重要平台。具备网络创新素养的人能更好地适应这一时代需求，把握机遇，应对挑战。

提升个人竞争力：在知识经济时代，创新能力是衡量个人竞争力的重要标准。网络创新素养的提升有助于个人在职场上脱颖而出，成为行业内的佼佼者。

推动社会进步：网络创新素养的普及和提升能够促进科技创新和产业升级，为经济社会发展注入新的活力。同时，它也能够推动网络文化的繁荣发展、丰富人们的精神生活。

3. 网络创新素养的培养策略

加强网络技能学习：掌握扎实的网络技能是培养网络创新素养的基础。个体应通过学习计算机网络基础知识、编程技术、网络安全等方面的知识，不断提升自己的网络技能。

培养创新思维：创新思维是网络创新素养的核心。个体应学会从不同角度思考问题，敢于质疑传统观念，勇于尝试新的方法和思路。同时，要注重培养自己的想象力和创造力，为创新活动提供源源不断的灵感。

参与创新实践：实践是检验真理的唯一标准。个体应积极参与各种创新实践活动，如科研项目、创业项目等，通过实践来锻炼自己的创新能力，积累创新经验，同时也要注重团队合作和跨学科交流，以拓宽自己的视野和思路。

关注行业动态：网络行业日新月异，新技术、新模式层出不穷。个体应时刻关注行业动态和前沿技术发展趋势，了解市场需求和用户痛点，为创新活动提供有力的支撑。

第二节 大学生网络文化素养培养

一、大学生网络文化素养培养的概念和原则

（一）大学生网络文化素养培养的概念

大学生网络文化素养是指大学生在网络媒介应用中应具备的网络基本操作技能、网络安全意识、信息处理和检索能力、网络道德文明意识和伦理观念，以及利用网络促进自我发展和创造价值的能力。网络舆情是指民众"通过互联网表达和传播的各种不同情绪、态度和意见交错的总和"。大学生作为使用网络的重要群体，其态度、意见和情绪既影响网络舆情的走向，又受自身网络文化素养的影响。

大学生网络文化素养培养是指在社交媒体时代，通过教育和自我提升，培养大学生在获取、判断、分析、评价和利用信息方面的能力，以及在网络环境中的基本素质和能力，包括信息素养、网络安全素养、网络道德素养等方面。这一概念强调在开放、交互的数字环境中进行参与性学习、批判性学习和协同合作学习，旨在培养大学生的终身学习能力。通过网络文化素养培养，大学生能够更好地适应社交媒体时代的技术环境，提升个人综合素质，为社会发展作出贡献。

在高校网络舆情引导中，关注大学生网络文化素养的培养，既是维护高校安全稳定的重要任务，又是促进网络舆情健康发展的重要手段。

（二）大学生网络文化素养培养应遵循的原则

1. 坚持多方合作原则

大学生网络文化素养培养是一项社会系统工程，教育家、政府相关职能部门、学生家长、学校等相关人员和组织要高度合作。政府的政策

倾斜对网络文化素养培养的开展十分重要。教育主管部门必须对网络文化素养的培养计划给予明确的支持，包括设置相关必修课程、负责培训相关教师，以及财政支持等。

教育专家和新闻传播研究学者应加强对网络文化素养培养的理论研究，厘清其概念、历史脉络、逻辑体系。在具体操作上，主要解决下述几个问题：什么是网络文化素养培养，为什么要进行网络文化素养培养，网络文化素养培养教什么、该怎样教、由谁来教，怎样进行网络文化素养培养"质"和"量"的评估，等等。

建立一定的组织机构来督导和协调此项工作，可由教育部门牵头，新闻、教育、文化等部门共同组成机构，负责此项工作的组织、协调。

理想的大学生网络文化素养培养意味着以最佳的方式整合学生与父母、网络从业者及教师的多边关系与资源。

2. 坚持终身学习原则

终身学习是指社会成员为适应社会发展和实现个体发展的需要，开展的贯穿人的一生的、持续的学习。媒介技术迅速发展，新媒介不断产生，媒介传播的内容也千变万化，网络文化素养培养必须不断发展，以应对随时变化的现实媒介。网络文化素养培养在时间和空间上都面临着前所未有的延伸和拓展。在时间上，网络文化素养培养不应停留在大学阶段，而是要"活到老，学到老"。在空间上，网络文化素养培养要突破传统的课堂和学校，发展为更为广泛的社会化和网络化的教育。而大学生要提升自身的网络文化素养，也需要终身学习，这一目标不能一蹴而就。

3. 坚持以受教育者为中心的原则

开展大学生网络文化素养培养，要以大学生为中心开展相关的教育实践活动。网络文化素养培养要重视培养大学生的理解能力，除了要让大学生了解和认识网络以及网络文化的特点，更多的是要培养大学生的批判意识，所以要鼓励大学生勇敢地表达自己对网络的认识、对网络内容的看法，使他们在讨论中和具体的实践中获得启迪和进步。

二、大学生网络文化素养培养的意义

（一）大学生网络文化素养培养能够增强大学生的公民意识

"互联网+"时代的来临，赋予民众平等参与公共事务讨论的权利，使得这个时代成为广大民众团结协作的新时代。大学生应利用网络积极参与公共事务讨论，表达自己对社会发展的意见与看法。网络技术的快速发展，使得广大青年学生能够自主表达个人意见，与社会各界人士进行沟通交流，从而不断提高自我价值，而这也是大学生公民权利意识不断增强的重要表现。因此，"互联网+"时代强化大学生网络文化素养培养，能够让广大青年学生在网络环境中正确行使言论自由权，从而为推进我国政治民主化进程提供有力支撑。

（二）大学生网络文化素养培养能够提高大学生的自我教育能力

大学生网络文化素养培养对大学生自我教育能力的提升具有重要作用。一方面，大学生网络文化素养培养能够有效提高大学生的网络操作技能，从而使大学生在网络空间中尽情发挥自己的聪明才智，这也是大学生深刻认识自我的一个过程；另一方面，大学生网络文化素养培养能够有效提高大学生的网络认知能力，使得广大青年学生能够对现实生活中的事物进行有效认知，减轻周围负面信息给他们带来的消极影响。开展大学生的网络文化素养培养，有助于其网络道德素养的有效提升，从而使其在网络虚拟世界中坚守道德，正确面对别人的评价，与网民文明、健康地开展交流，使得大学生正确认识自身的社会价值。因此，开展大学生网络文化素养培养，有助于大学生在运用网络技术的同时，主动遵守相关规定，对自我言行加以规范，并在网络交流过程中发现自己的优缺点，全面认识自我，从而在正确评价自我的过程中强化自我教育、不断提升自我。

（三）大学生网络文化素养培养能够促进大学生综合素质的全面提升

第一，大学生网络文化素养的培养有助于增强大学生的自我学习意识。通过增强自我学习意识，大学生能够更好地把理论知识和实践相结合，树立正确的价值导向，避免受到不良网络文化的毒害，从而更好地应对未来社会的各种挑战。

第二，大学生网络文化素养的培养还能够提高大学生对网络信息的辨认能力和对网络文化的辨识度。在复杂的互联网环境中，大学生需要提高辨别是非的能力，确保自己的行为和观念与社会主义核心价值观保持一致，自觉抵制不良网络文化的侵袭。

三、大学生网络文化素养培养策略

（一）加强政府投入和监管

1. 构建网络素养培育体系

第一，在财政层面。国家和政府应启动专款专项资金，制定政策，鼓励、允许社会和高校建立网络文化素养培养组织。该组织可以面向大学生甚至是全体社会成员开放，宣传网络文化素养知识，提升网络文化素养在民众心中的地位。政府资金上的支持还可以吸引社会各界的学者、团队和非营利组织参与其中，从而推动大学生网络文化素养培养工作的开展。

第二，在政策层面。政府可以成立网络文化素养培养专职部门，部门能制定合法的网络文化素养培养政策，并监督培养工作是否能落到实处；鼓励成立网络文化素养研究委员会，对大学生网络文化素养现状进行实时跟进调查，增加与其他国家在网络文化素养培养方面的交流次数，丰富我国网络文化素养培养的理论研究；制定大学生网络文化素养培养的实施政策，评估高校是否开展网络文化素养培养工作，以及如何评价网络文化素养培养工作效果，从制度上防止大学生网络文化素养培养形式主义化。

第三，在体制层面。各级政府部门应将网络文化素养培养纳入高校教学的内容中。政府对该项决策应有充分的调研并做好实践规划，对产生的影响和会发生的问题做好预估。学校需要在政府的指导下，确定网络文化素养相关课程的标准和教学形式，与大学生现有的课程相融合，并长期开展该项课程，使其成为大学生的必修课。课程开设初期，可以将其与全国范围内的重点科研项目结合，这样能起到更好的宣传效果，从而吸引更多社会人士和学者加入网络文化素养的相关课程建设中。

2. 健全相关网络法律法规

政府部门需要建立健全相关网络法律法规和道德规范，通过制度、规范约束信息创造者和信息接收者的行为和语言，从而营造出井然有序的网络环境，使大学生提升自己的网络文化素养。

第一，在法律法规方面，大学生使用网络平台多是进行沟通交流、查阅新闻，他们更倾向于把网络平台视为发表观点的载体，所以政府在制定法律法规时，应该在尊重大学生以及网民自由交流和各抒己见的权利的同时，规定大学生及网民的义务。现在，网络上存在许多违反法令、破坏纲纪的行为，售卖假货、剽窃他人原创文学作品等事件频繁发生，在破坏网络环境的同时，也给社会稳定发展造成了一定的影响。这就需要政府部门净化网络环境，确保网络健康发展。

第二，在道德规范方面，建立网络道德规范对培养大学生网络文化素养有重要作用。不能仅限于宣传网络道德规范，要用真实案例教育、引导大学生。同时，还可以在网络平台上设立网络道德规范专题，与名人效应相结合，制造热门话题，这样能吸引大学生的注意力，从而提升大学生的网络文化素养。

3. 引导网络产品健康生产、经营和管理

对网络空间的治理、网络内容的建设都必须坚持以人为中心的发展思想，而网络平台的建设也应如此，无论是政府还是网络工作者都应认清自己的职责所在，要引导、培育积极健康、有正能量的网络文化，以正确的价值观引导网络产品的生产、经营和管理。网络产品同样受到大学生的追捧，其产品的价值走向自然也会影响大学生价值观的树立和网络文化素养的形成。

网络产品具有商品属性，可以满足人民的消费需求，而社会效益将网络本身视为公众产品，公众产品必须履行自身的社会义务，为公众提供健康优质的文化，公众产品的内容要符合社会主义核心价值观。网络产品的生产、经营和管理都应在保证社会效益的前提下追求经济效益，在具体实施时应注意以下几点：

第一，应严格把关产品生产、经营、管理三个环节的负责人的资质审核，要向工作人员强调其应承担的社会责任，提高其自觉性、规范性。管理者具备较高的职业素养，可以降低网络监督管理工作的难度。第二，对生产、经营、管理环节进行严格监督，24小时全方位感知网络安全动态，提高网络安全防御能力和威慑能力，对环节中出现的违背职业道德的行为必须进行处罚，同时鼓励负责部门开展具有教育意义的活动，为大学生打造一个风清气正的网络空间。

（二）加强网络媒体运营商道德规范

1. 完善网络媒体行业从业人员的从业守则

第一，丰富网络媒体从业守则内容。新形势下，丰富网络媒体从业守则内容，最重要的是增强网络媒体工作者的专业性，包括不断质疑的精神、客观公正的态度以及平和淡定的心态。现在，网络新闻各种题材五花八门，因此从业者应具有质疑精神，这是最重要的专业精神。从业者应遵守职业道德，要对自己发布的新闻消息负责，不能一味地追求利益，忽视信息的公正，只有保持客观公正的态度才能赢得公众信任。网络媒体从业者更喜欢公众关注度高、传播速度快的信息，很多工作者只调查表面现象而忽略了其背后隐藏的事实，最终导致舆情风险。网络媒体从业者只有提高专业水平，行业才能长久生存。

第二，完善网络媒体监管机制。为大学生营造生态良好的网络空间，就要消除各方面消息带来的危害，解决办法就是监督控制网络媒体对信息流动的权利，完善网络媒体监管机制。而要想完善网络媒体监管机制，应坚持他人监管与自身监管相结合，在网络媒体内部设立监管机构，安排专职人员全方位地监管网络媒体平台，为大学生提供一个安全、稳定、繁荣的网络空间。

2. 增强从业者的社会责任意识

时代格局改变、媒体形式改变，网络媒体作为现如今影响力最大的媒介，能够影响大学生的网络文化素养培养工作，所以网络媒体应该由具有社会责任意识的从业者坚守。提升网络媒体从业者的网络素养，增强其社会责任意识，使其能够正确引导社会舆论方向。但是从现实来看，部分从业者在新技术的冲击下，心理状态发生了变化，甚至一些从业者彻底丧失了职业道德。所以，要提升网络媒体工作者的网络素养，使其树立正确的价值观，培育良好的职业道德，坚守自己的岗位。

网络媒体从业者要按照国家要求，深入学习有关网络的各项法律法规，将自己的宣传工作与人民利益紧密相连；网络媒体从业者要有自己的传播准则，保证自己发布的消息是符合国家政策的、符合社会与民众利益的，本着为人民服务的思想，认真、负责地对待每一条信息；网络媒体从业者还应努力提升自己的文化水平、艺术鉴赏水平，参加专业培训和德育教育活动；网络媒体从业者不应只有过硬的技术，还必须要有高素质，从而在大学生网络文化素养培养过程中为大学生树立榜样。

3．承担起进行网络素养宣传和推广的责任

大学生利用网络媒体学习，而网络媒体也反作用于大学生，网络媒体具有宣传和推广网络文化素养的责任。

网络媒体可以采取以下措施来努力宣传和推广大学生网络文化素养知识：第一，以网络媒体为主办方，与高校合作举办网络文化素养讲座，以真正让学生吸收知识为目的，并邀请一些知名人士参与主题讲座，起到宣传效果。第二，举办体验活动，大学生亲临传媒制作现场，现场体验信息的选择和编辑过程，这样既能够提高大学生的辨别能力，又能提高网络媒体在大学生心中的地位，从而带来经济效益。第三，在网络媒体平台进行推广，与意见领袖或团队联合推广网络文化素养知识，这样可以重新唤起大学生的网络文化素养意识。第四，为了增强推广的真实性，可以设立网络文化素养宣传周，在网络媒体平台主界面连续一周集中进行宣传，让网络文化素养知识真正内化于大学生心中。

（三）加强大学网络文化素养教育

1．构建大学生网络文化素养培养体系

高校是开展大学生网络文化素养培养最重要的地方。高等教育的根本任务是培养人，而培养人的核心就是促进人的全面发展。当前，国内很多高校已经开设了网络文化素养相关课程，但并没有形成一套完整的、自有的教育体系。

笔者认为，除了要将网络文化素养课程纳入高校教学，还应该构建符合国情、符合地域特色的网络文化素养培育课程体系。

我们可以从以下几点出发：

第一，因地制宜。在经济较发达的地区，可以直接制订课程计划或者直接开设与大学生网络文化素养培养相关的公共课；在经济欠发达的地区，可以慢慢地将网络文化素养相关内容融入其他课程之中，或是先开设选修课、举办讲座等，通过宣传、引导让大学生对网络文化素养的内容产生兴趣。

第二，构建内容体系。大学生网络文化素养培养体系应具有时代性，除了培养学生的基本能力，还要让学生关注新兴媒体，掌握网络发展状况、网络社交原理、网络新功能等，再将理论与道德、法律规范相融合，让大学生清楚作为信息接收者，应怎样避免被不良信息侵害，培养大学生正确处理网络信息的能力。

第三，编写教材，使培养工作有秩序地开展。高校教育者、学术界应尽快编写大学生网络文化素养培养的通用教材，因为网络素养培养针对的是全体大学生，是大众化教育。目前，我国相关著作较少且不具有时代性，而教材更是少之又少。高校工作者、相关专家应从大学生的角度出发编写教材。我国的网络文化素养研究本身起步晚，所以必须加快编写符合我国国情的网络文化素养培养教材的脚步。

2. 组建大学生网络文化素养培养的师资队伍

高校工作者是大学生网络文化素养培养的主要实施者，在大学生的日常生活中扮演着教师和朋友的双重身份，是大学生成长过程中必不可少的角色。现在很多高校教师的网络文化素养水平不高，辨别信息的能力不高，所以打造大学生网络文化素养培养的师资队伍变得尤为重要。

第一，教师可以转换身份参与大学生网络文化素养培养实践。另外，也可以开设网络文化素养培养讲座，教师与学生共同参加活动，双方共同交流探讨，有助于拓宽知识面。

第二，鼓励其他专业教师担任大学生网络文化素养课程讲师。参加完讲座以后，教师应该有自学意识，将所学知识运用到教学中，还可以借助微媒体与学生进行线上沟通，互相学习。

第三，对专业出身的教师和非专业出身的教师设置不同的课程标准，要给非专业教师上升、进步的空间。只有师资队伍的整体水平得到提高，才能保证大学生网络文化素养培养工作有序进行。

3. 发挥校园微媒介和实践活动的辅助作用

微媒介是高校重要的思想宣传和舆论阵地，在招生、就业、咨询等各个领域发挥了重要作用。

我们可以从以下几点出发，充分发挥校园微媒介资源和实践活动的作用：

第一，利用已有校园媒介进行宣传。广播站、校报、院报、官网等媒介资源是传统校园媒介，由于存在时间长，有校园文化特色，大学生使用频率也很高，利用其宣传网络文化素养和微媒介知识，可以营造良好的网络文化素养培养氛围。

第二，社团活动是大学生的第二课堂，对学生的个人成长、能力培养以及适应社会具有不可替代的作用。通过参与多样化的社团活动，大学生不仅能够提升自身的综合素质，还能为未来的职业生涯和社会生活做更充分的准备。因此，让学生自发组织开展与微媒介、网络文化素养相关的社团活动，既能培养大学生的组织能力，又能让大学生更深入地接触微媒介。

第三，高校在建立官方微博和微信公众号的同时，还应鼓励网络文化素养培养教师、传播学教师、思想政治教师开设微博和微信号，让大学生关注，教师可以通过微平台发表以网络文化素养培养为主题的话题。这样一来，教师更容易引导大学生正确、合理地看待微媒介，教会大学生辨别网络信息，用沟通交流、互评的方式帮助大学生正确理解微媒介对自身影响的双面性，引导大学生成为高素质网民。

（四）增强大学生的自律意识

1. 学习网络相关知识

新时代，大学生网络文化素养培养需要在政府、高校指导教育的基础上，最大限度地发挥大学生的主观能动性。

第一，掌握知识，发展技能。新时代，大学生想要提升网络文化素养，必须掌握网络理论知识，培养基本的网络技能。大学生对新生事物要有极高的敏锐度，愿意接收新信息，将掌握的网络相关知识应用于实践中，在实践中再次总结经验，最后内化形成自身的认知。

第二，利用网络发展自己。网络功能日趋完善并且形式多样，有的学生能够较好地利用网络平台展示自己的才能，会摄影的可以与他人分享摄影技巧、会文学创作的可以连载作品与网友分享……这都是成功利用网络发展自己的实例。大学生通过网络平台可以获得最新的时政新闻等，形成正确的价值观，从而提升网络文化素养。

2. 树立传播行为的责任意识

第一，大学生要自觉遵守网络道德规范，对自己的网络行为负责。网络世界是现实生活中的人构成的虚拟空间，主体仍然是人。大学生身处其中，要清楚自己想得到什么，哪些行为可取、哪些不可取，且应遵守网络社交规范，不应该因为不能面对面交流而随心所欲地发言甚至进行人身攻击。大学生要时刻反省自己的网络行为，拒绝不确定、具有攻击性色彩的信息，增强自律意识，自觉提升思想道德素质水平，进而形成正确的网络认知。

第二，大学生应主动学习网络法律知识，树立法律责任意识。大学生具备的网络法律基础是其在网络环境下形成责任意识的必要条件，进而将法律知识内化为网络法律素养。大学生必须提升网络法律素养，积极拥护社会主义制度，维护祖国利益，不做违背道德之事，积极宣传政府部门发布的真实消息，做合格的网民。

第三节　大学生网络文化素养存在的问题和应对策略

一、大学生网络文化素养存在的问题

（一）缺乏自我约束力

互联网是一个开放、共享的平台，一些大学生沉迷其中，患上了所谓的"网络依赖症"，过度依赖电脑、手机等互联网终端，沉迷于网络游戏等。一些大学生将互联网当作自我娱乐消遣的一种工具，既消耗了大部分的时间和精力，耽误了学业，也影响了自身的身心健康。大学生利用网络进行学习的能力不强，创新意识有待进一步增强，缺乏自我约束力。在对网络的使用方面，大部分大学生依然停留在娱乐休闲方面，没有开展过多的学习活动，对网络信息没有进行进一步的利用与分析。

（二）网络信息批判辨别能力较差

网络上拥有海量的信息，其中不乏大量不良信息，大学生对其难辨真伪。大学生对信息的分辨、筛选能力不强，缺乏深究网络信息或新闻产生的社会背景和实质原因的能力，有些大学生仅仅根据个人的兴趣爱好和舆论倾向来做出是否接受的决定。很多大学生不能辨别网络信息的真实性，见到网上有人这样认为或身边的人都这样认为，便也信以为真，从众心理较重。所以，要提高大学生对信息的批判辨别能力，使他们能够更理性、更谨慎地评价、转发和利用网络信息。

（三）缺乏网络安全意识

在网络虚拟世界中，著作权侵权、网络诈骗、网络攻击等违法行为更隐蔽，种种原因导致包括大学生在内的诸多人在使用互联网时，缺乏道德法律意识。根据相关调查研究，很多大学生在网络平台特别是自媒体中传播过未经证实的信息言论，甚至是攻击他人，严重的甚至构成违法犯罪。

（四）利用网络发展自我的能力较低

大学生对网络的运用能力不强，没有形成充分利用网络提升自己的自觉意识，还远达不到信息社会发展的要求。一些大学生上网，主要目的是娱乐和休闲，加上面对网络的海量信息，其搜索能力不强，容易出现信息迷航。

二、大学生网络文化素养问题的原因分析

（一）不良网络环境的影响

网络具有虚拟性、开放性、自由性、不确定性等特点，这就决定了网络的多元性和复杂性。网络将整个世界变成了"地球村"，给人们带来了前所未有的自由和便利，同时也营造了一个多元和复杂的网络环境，对人们的思想观念、生活方式、道德品行和审美情趣都产生了深刻的影响。大学生的世界观、人生观和价值观尚未定型，在网络这种复杂多元的环境中，容易迷失方向。此外，网络世界里一些色情、虚假、暴力的信息和消极、颓废的思想等，都会对大学生的世界观、人生观和价值观的形成造成负面影响。

由于网络的隐蔽性和匿名性，网络上的许多行为是无规则和无限制的，所以网络世界里较难形成相应的网络道德伦理规范和约束机制。一旦没有道德标准和社会舆论的制约，人们就很容易丧失理性、道德感和责任感。在网络世界里，自律意识不强的大学生极容易出现知行分离的现象。

（二）网络素养教育实施缓慢

目前，我国高校在相关课程的设置上，较为注重的是对网络技能的

教育，而在网络道德意识和网络法制安全意识等方面，则缺乏相应的教育内容。虽然少数的学校已经开设了关于网络文化素养的课程，但也仅限于新闻传媒专业和计算机信息技术专业的学生，其他专业的学生很少有机会接触关于网络文化素养的内容，无法获得系统的、完整的网络文化素养培养。不少高校不仅没有设置系统的网络文化素养课程，也没有将网络文化素养的内容融入现有的科目教学中。

高校缺乏网络文化素养教育师资，许多高校教师运用网络技术的水平不高。有些高校教师缺乏对网络的全面了解，对学生的上网动机、行为不了解，对他们的表达方式和交往方式没有进行深入研究，在教育过程中就难以获得应有的教育效果。高校要提升大学生的网络文化素养，就必须加强师资队伍建设，培养专业人才。

（三）家庭的影响

有些家长对孩子的教育存在一定的误区，从小对孩子的期望过高，对孩子提出一些不符合实际的要求。当孩子达不到家长的要求时，就会怀疑自己的能力，自信心下降。"只要成绩好，做什么都行"，这是许多家长常对孩子说的话，表明有些家长过于看重学习成绩，而轻视对孩子良好品质的培养。在生活中，家长更多的是习惯性的唠叨和抱怨，缺少对孩子的倾听和表扬，导致孩子的内心感受被忽视；对孩子严格要求，却忽视严于律己，没有做到言传身教。这些教育上的误区不利于孩子的健康成长，容易使他们变得内向、缺乏自信、对他人过于依赖、情绪多变、自我控制力差，当他们进入网络虚拟世界这个"自由的王国"时，就容易受到网络的负面影响。

（四）大学生自身的原因

大学生具有以下特征：一是在思想上还不够成熟，对任何新生、新奇的事物充满好奇，容易受到外部因素的影响，思维活跃，对外界事物充满好奇心。二是在自我意识上趋于独立，有强烈的独立意识，并逐渐形成自我的价值观和人生观，自主性会不断加强，会不断地适应社会发展的需要，表现出对社会交往的渴望，想进一步认识社会，希望自己得到社会的认可。三是他们在认识客观世界与网络媒介所构建的虚拟世界时，缺乏足够理性的认识，在分析网络信息时表现出极大的非理性，缺乏深入的思考和分析，往往会产生一些盲目甚至极端的行为。

三、大学生网络文化素养问题的解决对策

（一）学生层面

提升大学生的网络文化素养，应从提高大学生的自我管理与发展能力着手，具体要做到以下几点：一要增强大学生网络行为的自律意识，包括明确上网目的、合理安排上网时间、自觉维护网络秩序；二要提高大学生的网络技术水平，既要会用技术，也要用好技术，可以充分借助网上的各种学习类App进行在线学习，努力从"学会"到"会学"；三要唤醒大学生内心的责任感，在"无处不网、无时不网、无人不网"的时代，大学生要做到责任内化、心理内省和自我管理。

（二）家庭层面

1. 家长对子女的正确引导

家庭教育对大学生网络文化素养的提升具有重要作用。因此，家长需要不断提升素养，为子女做好表率。其中，家长要更加注重在网络道德、法律观念等方面对子女的引导，一方面，不在网络上散布不实言论，为孩子做好表率；另一方面，要鼓励、教导孩子正确利用网络平台发布个人言论。家长要正确认识原有对网络的不当看法，在鼓励孩子利用纸质材料加强学习的同时，还应当鼓励孩子利用网络平台提升知识水平、拓宽个人视野。

2．家长注重良好家庭氛围的营造

家长要关注孩子的生活质量，以免孩子因为学习、生活压力而沉溺于游戏、虚拟世界；要积极与孩子进行沟通，给予他们足够的关心和支持等，通过良好的家庭氛围的熏陶、安全的家庭心理环境的建立、和谐的家庭关系的维系，培养孩子积极健康的生活方式。

（三）学校层面

1．设置网络文化素养课程

网络文化素养相关课程的设置能够为大学生提供系统而全面的教育。同时，也可以创新网络文化素养课堂教育的模式，将其与实践相结合，总结课堂教育经验与方法。

2．充分发挥思想政治辅导员的作用

辅导员作为大学生思想政治教育工作的骨干力量，是大学生健康成长的指导者和引路人，对学生的学习、生活等方面都具有重要的影响。未来，大学生会更加依赖互联网平台进行学习、交流，辅导员要帮助大学生端正在网络虚拟世界中的态度、思想和行为，发现问题时应全力引导学生。

3．引导学生进行自我教育和自我管理

学校应该坚持将学生作为教学主体，不断突出学生的主体地位。学校教育要有针对性地加强学生对网络文化素养基本知识的学习，不断培养学生的自律能力。学校要充分把握互联网的优势，加强对学生网络文化素养方面的宣传教育，发挥学生的主动性，引导学生进行自我教育、自我管理，树立正确的互联网观，进一步使学生有意识地正确辨识和分析互联网平台信息，形成良好的校园舆情环境。

（四）社会层面

1. 完善网络法律法规体系

完善的网络法律法规体系可以保证网络实践活动的有序展开，健全的监管机制可以使网络不法行为得到有效抑制。如今，互联网信息技术发展迅速，新兴网络事物、网络实践活动、网络产业逐渐增多，但我国关于网络的法律法规体系还没有同步发展起来，这使得当前的网络环境并不利于开展大学生网络文化素养的培养工作。因此，应当加快网络立法进程，大力建设网络法律体系，打击网络违法行为，尤其应当加大对网络违法行为的执法力度，比如侵犯知识产权、传播不良网络信息等，从而形成网络舆论，给网民以警示作用。与此同时，应在网民的工作、生活中全面普法，使网民知法、守法，合理地使用法律维护自身的权益、约束自身的行为。在网络法律法规得以完善、网民法律素养得以提高的前提下，大学生网络文化素养培养的环境一定会有所改善。

2. 加强对网络环境的监管

加强对网络环境的监管也是净化大学生网络文化素养培养环境的重要环节，应创新监管方式，加大监管力度，从网络信息的制造、传播、运行等多方面入手，形成多环节监管的机制。重点监管网络信息的制造、网络信息版权的归属，从源头上杜绝网络不良信息的传播以及不良网络行为的发生，使网民遵守网络社会的各项准则。同时，政府要引导各网站完善举报机制、制定举报奖励措施，鼓励广大网民承担网络信息监管工作，共同加强对网络信息的监管，提高网民辨识信息的能力，使网民能够及时举报不良信息，防止不良信息在网络上传播、扩散。在网络监管机制得到完善的基础上，大学生接触的网络环境会更加安全，更有利于大学生网络文化素养培养工作的开展。

第四节　微媒体与大学生网络文化素养

一、微媒体概述

（一）微媒体定义

微媒体的定义有以下几种：微媒体是在新的技术支撑体系下出现的新的媒体形态，即相对报纸、电视、广播等传统媒体而言的新兴媒体；微媒体是指由许多独立的发布点构成的网络传播结构，并特指由大量个体组成的网络结构；微媒体是以微博、微信为代表的新型媒体形式等。

笔者认为，微媒体是以手机移动客户端为发展平台进行网络信息传播的新型社会媒体。数量众多的个体组成网络结构，使用者利用其独特的网络传播结构实时传播、分享信息，获取新鲜事物。微博、微信、微电影是现在微媒体的主流。目前，微媒体已经成为中国网民开展网络交流、互动的主要场所。

（二）微媒体的传播特点

1. 信息传播速度快

微媒体作为移动智能手机网络共享平台，由于发布内容普遍较简短，只要拿起手机就可以获得信息，所以信息传播速度快、瞬时发布消息成为微媒体最大的特点，与传统媒介如电视、报纸或其他网络媒体相比，具有更多优势。

2. 传播内容量大但简短精悍

微媒体对使用群体的年龄、职业没有明显的规定，信息发布者和信息接收者也没有明显的界线分割，获取信息的途径有明显的自主选择性。只要符合自己偏好的，就可以发布、接收，导致现在微媒体传播内容良莠不齐、数量庞大。另外，微媒体传播内容简短精悍，不拖沓冗长。

3．由单一主体转向多元主体

微媒体为受众主体提供平台，使其既可以作为观众，也可以作为发布者。也就是说，从过去传统媒体或一些网络媒体的单一主体发展为多元主体，改变了专门组织生产的信息生产模式，能够发挥主体特色，但有时会呈现出杂乱没有约束的现象。

4．传播交流方式新颖

主体的改变使传播交流方式也发生了改变，两端的人可以进行互动但又不需要主动互动。发布信息后，别人可以观看、共享，但是发布主体不需要参与其中，可以形成一点对多点、一点对一点、多点对多点等多种方式。这种新颖的传播交流方式吸引了越来越多的大学生使用微媒体。

二、微媒体对大学生网络生活的影响

（一）提供了大学生网络学习新方式

微媒体为大学生的学习方式搭建了新载体。现在大学生获取信息十分便利。打开微媒体，大学生可以实时关注国家动态和世界新闻，掌握时政知识。大学生的学习模式发生了改变，从传统课堂教学到网站式教学，再到现在最为流行的微课教学，学习路径越来越简化，大学生可以随时随地地进行学习，还可以在线与其他同学进行交流。例如，过去大学生考取驾照在学习科目一时，必须要到驾校所在地反复练习，而在微媒体环境下，大学生可以通过添加公众号的方式关注考取驾照的相关练习平台，平台上学习资料全面，大学生可以根据自己的情况选择学习时间和学习地点。

微媒体为当代大学生的学习带来了无限可能，免费海量的学习资料和赏心悦目的界面设置，让大学生打开微课堂就能学习，并且还可以分享资源、与同学在线讨论。现在，选择微媒体作为学习载体的大学生越来越多。教师可以将微媒体独有的特点与传统的教学理论相结合，激发学生的学习兴趣。

微媒体对大学生社会主义核心价值观的形成具有推动作用。例如，微视频和微电影被大学生广泛接受，有些人就制作了各种各样的微视频、微电影，直观而富有创意，呼吁大学生热爱祖国、勿忘历史、珍惜生活。因此，微媒体丰富了大学生的学习方式，提供了新的网络平台，对大学生的理论知识积累和思想政治教育起到了促进作用。

（二）改变了大学生的网络交往方式

微媒体改变了大学生的网络交往方式，使大学生的人际交往形式发生了变化，微媒体对传统电信业务和网站产生了冲击，通话和短信业务被视频、语音取代。利用微媒体，打个视频电话就可以看到远方的朋友，还可以与联系人共享位置。大学生只要打开数据流量或者连接无线网络，就可以即时接收联系人的消息、分享联系人的动态。交流方式多元化拉近了大学生与他人的距离，使大学生的人际交往范围不断扩大。微媒体具有开放性的特点，大学生可以分享自己的照片、视频、声频展示自己，与关注者互动，发表观点、参与讨论。交流方式的改变让大学生与外界的交流更加频繁，有共同兴趣的大学生可以组建成群进行交流互动，分享喜悦、分享成功。这些都是微媒体对大学生网络生活的影响。

（三）搭建了大学生网络娱乐的新平台

微媒体为大学生创建了新平台，丰富多样的娱乐活动吸引了众多大学生，大学生年轻、有想法、勇敢的特点也为娱乐活动注入了新元素。

一方面，微媒体自带的文章阅读、小程序游戏、实时语音聊天、网络购物、线上支付等功能满足了大学生各方面的需求。微媒体丰富了大学生的网络娱乐方式，过去网上购物必须通过网站，现在只要打开微媒体界面就可以轻松下单。微媒体的线上支付功能和线下支付功能逐渐完善，大学生出门可以不带现金和银行卡。大学生利用微媒体可以接收到最新的音乐分享和影视资源。大学生的娱乐方式不再仅限于聚餐、体育活动。

另一方面，微媒体具有极强的原创性和草根性，使用群体不需要烦琐的步骤就可以展示自己，还可以参加多种多样的娱乐活动。明星人物、作家、科学家、运动员的加入让大学生更有勇气展现自己，越来越多的人在微媒体上找到了展示自己的舞台。

三、微媒体时代提升大学生网络文化素养策略

（一）微媒体时代提升大学生网络文化素养的价值

1. 促进大学生健康成长

微媒体时代，提升大学生网络素养，能够使其正确认识网络、准确甄别网络信息、自觉抵制不良信息、主动避免沉溺网络、牢牢掌握网络使用主动权，最终真正实现健康成长。

2. 助力打造清朗网络空间

网络空间是网民共同的精神家园。网络空间是虚拟的，但运用网络空间的主体是现实的。生态良好、符合人民利益的网络空间需要每一个网民的努力和付出。微媒体时代的大学生是与网络"共生"的一代，是网民的重要组成部分。提升大学生网络素养，能够增强大学生做好网络文明建设工作的责任感、使命感和紧迫感，能够帮助大学生正确认识网络、安全理性使用网络、自觉自愿维护网络、积极主动治理网络，为建设一个天朗气清、生态良好的网络空间贡献力量。

（二）微媒体时代提升大学生网络文化素养的策略

1. 齐抓共管形成合力，深化大学生网络认知

科学的网络认知是提升网络文化素养的前提和基础，坚持学校、家

庭和社会同心同向、同频共振，有利于全面深化大学生的网络认知。高校是大学生学习知识、增长见识的地方，也是提升大学生网络文化素养最重要的地方。因此，高校应以思想品德教育为主题，根据高校的实际情况，将网络文化素养的相关内容融入现阶段的思想政治课。同时，教育内容要与时俱进，可以利用社会热点事件作为课程切入点，正面澄清大学生对网络事件的误区，探索事件涵盖的法律常识、道德规范，积极引导大学生从不同的角度去剖析事件的本质和现象，提升大学生的网络信息识别、网络信息评价的能力等。

除此之外，高校还可以不定期开展提升大学生网络文化素养的专题讲座，教导其资源检索利用和网上查询等技能，并通过高校的抖音、微博、微信公众号等媒体公众平台向大学生推送与网络文化素养相关的知识，引导大学生在网络信息空间里实现网络认知的深化。

2. 践行社会主义核心价值观，引领大学生养成健康网络行为

社会主义核心价值观包括从理想价值属性到现实价值目标和道德价值要求的多层次价值理念，反映了国家、社会、个人三个层面的价值诉求，对大学生的网络行为具有引领作用。信息爆炸使得大学生思想观念复杂化、价值取向多元化、行为方式多样化，因此践行社会主义核心价值观，引导大学生养成健康文明的网络行为，对提升大学生网络文化素养很有帮助。

大学生应该处理好网络与学习之间的关系，网络是为学习服务的，而不能沉迷于网络，耽误了学业。应开展网络文化素养宣讲活动，发挥学生干部的影响力，加深学生干部对网络文化素养的理解，以科学的网络认知规范自身行为。学生干部能够发挥朋辈效应，传递意识形态正能量，带动更多大学生加入宣讲活动队伍中，承担起助力塑造风清气正的网络空间的社会责任。

　　弘扬中华优秀文化，引领大学生养成健康网络行为。培育和弘扬社会主义核心价值观必须立足中华优秀传统文化。网络文化的泛娱乐化、碎片化削弱了中华优秀文化对大学生的积极影响，也导致了大学生网络行为的不当。大学生理应加强自身道德修养，如通过媒体平台推送校园人物的优秀事迹，引导学生践行社会主义核心价值观，在认知上笃信、行为上践行。社会主义核心价值观对大学生网络行为具有重要的指向作用。

　　加强网络文明建设是加快建设网络强国、全面建设社会主义现代化国家的重要任务，大学生网络素养的提升离不开政府部门的有效监管和网络文明建设。政府应采用信息手段来抵制不良信息进入大众视野，如加强自媒体平台过滤与提醒不良信息的监督功能；加强网络平台空间内容的防御功能，自媒体平台不间断检测识别；加强自媒体个人信息的安全性。大学生应该充分认识网络安全的重要性，合法、合理地使用网络资源，增强网络安全意识，积极监督和主动防范安全隐患，维护正常的网络运行秩序，促进网络的健康发展。

第三章 大学生网络信息获取与处理能力培养策略

第一节 网络信息获取的途径与方法

一、大学生常见的网络信息获取途径

在数字化时代，网络已成为大学生获取信息、学习知识、交流思想时不可或缺的重要平台。大学生作为年轻、活跃且高度数字化的群体，其获取网络信息的途径丰富多样，不仅涵盖了传统的搜索引擎、学术数据库，还扩展到社交媒体、专业论坛、在线教育平台等新兴渠道。

搜索引擎，如谷歌、百度等，是大学生获取网络信息的首要工具。它们凭借强大的索引能力和智能的排序算法，能够迅速响应用户的查询请求，提供海量相关网页链接。大学生在进行学术研究、课程预习、作业解答或查询信息时，往往会首先使用搜索引擎。通过关键词或短语搜索，他们可以快速定位到所需信息的大致范围，进而进行深入探索。此外，搜索引擎的高级搜索功能，如限定时间范围、文件格式、网站类型等，进一步提高了信息检索的精准度和效率。对需要进行深入学术研究的大学生而言，学术数据库是不可或缺的资源。这些数据库通常包括学术期刊、会议论文、学位论文、专利、标准等高质量文献资源，覆盖自然科学、社会科学、人文艺术等多个领域。常见的学术数据库有中国知网、万方数据、维普网等。大学生通过学校提供的账号进行登录，可以免费访问这些资源，获取最新的科研成果、理论进展和实践案例，为论文撰写、

课题研究等提供帮助。

社交媒体，如微信、微博、知乎、豆瓣等，已成为大学生日常生活中不可或缺的一部分。它们不仅是休闲娱乐的平台，更是信息交流、观点碰撞的重要场域。大学生通过这些平台关注行业动态、时事热点、学术前沿等来参与话题讨论。在专业论坛和社区中，大学生可以找到与自己专业、兴趣相同的伙伴，共同探讨学术问题、技术难题、实践经验等。这些论坛和社区往往聚集着一群对特定领域有浓厚兴趣、拥有专业知识的人，他们乐于分享、乐于交流，形成了良好的学习氛围。

随着在线教育的兴起，MOOCs（大型开放在线课程）、微课、直播课等新型教育模式受到了大学生的广泛欢迎。Coursera、edX、中国大学MOOC、网易云课堂等平台提供了来自全球顶尖高校的优质课程资源，涵盖了从基础学科到专业领域的广泛内容。大学生可以根据自己的兴趣和需求，选择适合的课程进行学习，这样不仅可以补充课堂知识，还能提前了解未来职业所需技能，为个人发展打下坚实基础。

虽然网络信息资源丰富多样，但图书馆作为传统知识宝库的地位依然不可撼动。现代图书馆不仅拥有丰富的纸质图书资源，还积极引入电子图书、电子期刊、数据库等电子资源，并通过数字图书馆系统提供便捷的在线访问服务。大学生可以通过图书馆网站或移动应用，随时随地地访问这些资源，享受图书馆提供的个性化服务，如文献传递、参考咨询、学术写作指导等。此外，图书馆还经常举办讲座、研讨会、读书会等活动，促进学术交流与思想碰撞。

随着自媒体的发展，越来越多的大学生开始运营微信公众号、抖音等自媒体账号。他们通过撰写文章、录制视频、直播分享等方式，分享学习心得、生活感悟、专业知识等。这些个性化的内容不仅丰富了网络空间的信息生态，也为其他大学生提供了独特的学习视角和参考。通过关注这些自媒体账号，大学生可以获取到更加贴近实际、接地气的信息和学习资源。

二、大学生搜索引擎高效使用技巧

在信息爆炸的时代，搜索引擎已成为大学生学习和日常生活中不可或缺的工具。掌握高效使用搜索引擎的技巧，不仅能够显著提高信息检索的效率，还能帮助我们在海量数据中找到最准确、最有价值的信息。

（一）理解搜索引擎基本原理

搜索引擎的核心功能在于爬取互联网上的网页，通过复杂的算法对网页内容进行索引，并根据用户输入的关键词，快速找到相关度最高的网页列表。这一过程大致分为三个阶段：网页抓取、索引建立、查询处理。

了解搜索引擎的排名机制，如 Google 的 PageRank 算法，对优化搜索策略至关重要。PageRank 基于网页之间的链接关系来评估网页的重要性，被链接次数多且来自高质量网站的网页往往排名更靠前。

（二）选择合适的搜索引擎

不同的搜索引擎在算法、数据覆盖范围、特色功能上各有不同。Google 以其强大的搜索算法和全面的数据覆盖著称；Bing 则注重与微软生态系统的整合；而百度在中国市场占据主导地位，对中文内容有更深的理解和优化。大学生应根据实际需求选择合适的搜索引擎。

对于科研和学习需求，使用专门的学术搜索引擎，如 Google Scholar、中国知网、万方数据等能更高效地获取学术论文、期刊文章等资源。这些平台通常提供高级搜索功能，支持按作者、出版年份、期刊类型等条件筛选结果。

（三）优化搜索关键词

明确搜索目标，使用具体、明确的关键词，避免使用模糊或过于宽泛的词汇。例如，搜索"人工智能发展现状"，不如搜索"2023 年人工智能在各领域的应用与进展"。学会使用 AND（与）、OR（或）、NOT（非）等逻辑运算符来组合关键词，提高搜索的精确度。

将关键词用引号括起来，可以确保搜索引擎返回完整的包含该短语的结果，减少无关信息的干扰。

（四）利用高级搜索功能

许多搜索引擎支持按文件类型搜索，如 PDF、PPT、DOC 等，这对查找特定格式的资料非常有用。例如，在 Google 中使用关键词"filetype:pdf"可以限定搜索结果只包含 PDF 文件。设置搜索的时间范围，可以快速找到最新的信息。Google 等搜索引擎提供了"工具"选项下的"时间范围"设置，允许用户自定义搜索的时间区间。利用"site:"指令，可以限定搜索结果只来自特定网站。这对在特定机构网站、博客或论坛中寻找信息尤为有效。

（五）评估与筛选搜索结果

查看搜索结果中的网页域名、作者信息、发布日期等，评估信息的可靠性和权威性。优先选择来自知名学术机构、政府机构、主流媒体等网站的信息。利用搜索引擎提供的摘要或网页快照功能，快速预览搜索的结果内容，避免点击无关或重复的链接。同时，学会快速浏览网页，识别关键信息。对于重要信息，尽量从多个渠道获取并交叉验证，以确保信息的准确性和全面性。

（六）利用辅助工具与插件

安装如 Nimbus Screenshot、Grammarly 等浏览器插件，可以提高搜索效率。Nimbus Screenshot 方便截图和标注搜索结果，Grammarly 则能在写作时提供语法和拼写检查。

对于研究生和科研工作者，使用如 EndNote 或 Zotero 等学术管理工具，可以方便地整理、引用和管理搜索到的学术资料。

（七）培养良好搜索习惯

定期回顾自己的搜索过程，总结经验教训，不断优化搜索策略。保持对新知识的好奇心，同时培养批判性思维，对搜索结果进行独立思考和评估。在搜索和使用信息时，尊重他人的版权和隐私，遵守相关法律法规。

三、大学生专业数据库与学术网络资源的获取方法

在信息化时代，对于大学生的学术研究，专业数据库与学术网络资源的获取显得尤为重要。这些资源不仅能够帮助他们深入理解专业知识，还能提高他们的研究能力和创新能力。

（一）专业数据库的获取

专业数据库涵盖期刊论文、学位论文、会议论文、专利、报告等多种学术资源。大学生可以通过以下几种途径获取这些资源：

大多数高校都购买了国内外知名的专业数据库，如中国知网、万方数据、维普资讯等，以及国外的 Springer、Wiley、Elsevier 等。学生只需凭借校园卡或学号登录学校图书馆网站，即可免费访问这些数据库，下载所需学术文献。国家图书馆和许多公共图书馆也提供了丰富的电子资源，包括专业数据库和期刊论文等。大学生可以注册、登录国家图书馆或当地公共图书馆，经过实名制认证后，访问这些资源。例如，国家图书馆首页提供了维普和万方系统等与知网同类的电子资源，很多论文和期刊都能免费下载。

全国图书馆参考咨询联盟是一个集合了全国各大图书馆资源的平台，用户可以通过该平台提交文献传递请求，获取所需学术资源。大学生只

需简单摸索，就能掌握使用方法，快速获取所需文献。学术搜索引擎，如 Google Scholar，是专门搜索学术资源的工具。它们能够检索到包括期刊论文、学位论文、会议论文等在内的各类学术资源，为大学生提供便捷的学术资源获取途径。

（二）学术网络资源的获取

除了专业数据库，互联网上的学术网络资源也是大学生获取知识的重要来源。

学术出版机构和出版商的网站，如 Springer、Wiley、Elsevier 等，提供了大量的专业资料和学术书籍。大学生可以直接访问这些网站，浏览和下载所需的学术资源。学术社交平台，如 Academia、Google Scholar Citations 等，为学者和学生提供了一个交流学术成果的平台。大学生可以在这些平台上关注相关领域的专家，访问他们的个人资料和研究成果，获取最新的学术动态和前沿知识。

互联网上有许多在线论坛和社区，如 Chemistry 论坛等，这些平台聚集了大量专业人士和学者，他们经常在这些论坛上分享研究经验和学术资源。大学生可以通过参与这些论坛的讨论，获取与特定主题相关的研究和经验。网盘搜索引擎，如百度网盘、115 网盘、华为网盘等，可以搜索互联网上的各类文件资源。大学生可以通过关键字搜索所需学术文件，找到并下载这些资源。然而，需要注意的是，网盘资源的质量参差不齐，需要仔细甄别其权威性和准确性。

（三）获取技巧与注意事项

在获取专业数据库与学术网络资源的过程中，大学生要注意以下几点：

由于不同数据库和平台的收录范围和特色各不相同，大学生在获取学术资源时应该采用多种策略，综合使用学校图书馆资源、国家图书馆资源、学术搜索引擎等多种途径，可以大大提高获取资源的效率和准确性。互联网上的学术资源质量参差不齐，大学生在获取资源时需要注意甄别其权威性和准确性，可以通过查看资源的来源、发布者和原始出处等信息，以及查阅多个资料进行对比和分析，以确保所获取资源的可靠性。

许多搜索引擎和数据库都提供了高级搜索功能，允许用户根据关键词、时间范围、作者等条件进行精确搜索。大学生应该合理利用这些高级搜索功能，以快速、准确地获取所需资源。在获取和使用学术资源时，大学生需要遵守相关的版权规定，未经授权不得擅自复制、传播或用于商业用途，对于需要付费的资源，应该通过正规渠道购买或获取授权。

四、大学生社交媒体与信息聚合平台在信息获取中的应用

在当今数字化时代，社交媒体与信息聚合平台已成为大学生获取信息、交流思想、拓展视野的重要渠道。这些平台不仅提供了丰富多样的信息资源，还通过其独特的互动性和便捷性深刻地影响了大学生的学习、生活和职业发展。

（一）信息获取的需求分析

大学生作为知识渴求者和未来社会的建设者，面临着广泛而复杂的信息需求。这些需求主要包括学术知识、就业信息、社会热点、个人发展等多个方面。在学术上，他们需要掌握专业知识、前沿动态和研究成果；在就业上，他们需要了解行业趋势、招聘信息和求职技巧；在社会热点上，他们需要关注国内外大事、时事评论和公共议题；在个人发展上，他们需要提升自我认知、拓展人际关系和规划职业生涯。

社交媒体与信息聚合平台以其信息量大、传播广泛、互动性强等特点，恰好满足了大学生多样化的信息需求。它们不仅能提供丰富的信息资源，还能通过用户生成内容、个性化推荐和社群互动等功能，帮助大学生更加高效地获取信息、筛选信息和利用信息。

（二）社交媒体与信息聚合平台的特点

社交媒体与信息聚合平台汇聚了来自全球各地的海量信息，涵盖了新闻、学术、娱乐、生活等多个领域。这些信息以文字、图片、视频、声频等多种形式呈现出来，能够满足大学生多样化的信息需求。同时，这些平台还通过算法推荐等技术手段，根据用户的兴趣和行为习惯，提供个性化的信息推送服务，进一步提高了信息获取的针对性和效率。

社交媒体与信息聚合平台打破了传统媒体的传播壁垒，实现了信息的即时发布和快速传播。一条新闻或一条微博可能在短时间内被成千上万的用户转发和评论，形成强大的舆论场。这种传播方式不仅加快了信息的流通速度，还扩大了信息的覆盖范围，使大学生能够随时随地获取到最新的资讯和观点。社交媒体与信息聚合平台提供了丰富的互动功能，如点赞、评论、转发、私信等，使用户之间可以便捷地进行交流和互动。大学生可以利用这些功能与他人分享观点、讨论问题、寻求帮助或建立联系。这种互动性不仅提高了用户之间的沟通和协作能力，还促进了信息的共享和传播。

（三）具体应用分析

在学术领域，大学生可以利用社交媒体与信息聚合平台获取最新的研究成果、学术动态和前沿知识。例如，他们可以通过关注学术期刊的官方账号或加入学术社群，获取最新的论文摘要、会议通知和学术报告等信息。同时，他们还可以利用平台的搜索功能和个性化推荐服务，快速找到与自己研究方向相关的文献和资料。此外，一些信息聚合平台还提供学术资源的整合和链接服务。这些平台通过集成教务系统的对接、课件共享、教学视频共享等功能，为大学生提供了便捷的学习资源获取途径。大学生可以在这些平台上下载课件、观看教学视频、参与学术讨论等，从而更全面地掌握专业知识。

在就业领域，社交媒体与信息聚合平台同样发挥着重要作用。大学生可以通过关注招聘网站、企业官方账号或加入求职社群等方式，获取最新的招聘信息、面试技巧和职场经验等信息。这些信息不仅可以帮助他们了解就业市场动态和岗位需求情况，还可以为他们提供实用的求职指导和建议。同时，社交媒体平台还提供了展示个人品牌和能力的机会。大学生可以通过发布自己的简历、作品集或求职经验等内容，吸引潜在雇主的注意并展示自己的专业能力和个人魅力。这种展示方式不仅有助于提升他们的求职竞争力，还有助于拓展他们的人脉资源和社交圈子。

在社会热点方面，社交媒体与信息聚合平台为大学生提供了一个了解世界、关注时事的重要窗口。他们可以通过浏览新闻资讯、参与话题讨论或关注意见领袖等方式，了解国内外大事、时事评论和公共议题等信息。这些信息不仅有助于拓宽他们的视野，还有助于培养他们的社会责任感和公民意识。

（四）影响与启示

社交媒体与信息聚合平台为大学生提供了便捷、高效的信息获取途径和交流平台。它们不仅丰富了大学生的信息来源和知识储备，还促进了他们之间的交流和互动。通过利用这些平台，大学生可以更加全面地了解世界、关注时事、拓展视野并提升自我。然而，社交媒体与信息聚合平台也存在一些负面影响。例如，信息过载可能会导致大学生难以筛选和辨别有价值的信息；虚假信息和谣言的传播可能会误导大学生的认知和行为；过度依赖社交媒体可能会削弱他们的独立思考能力和自主学习能力等。

针对上述问题，我们可以提出以下启示和建议：高校应加强对大学生的信息素养教育，培养他们的信息筛选、辨别和评估的能力，使他们能够理性地看待社交媒体上的信息。大学生应明确自己的学习目标和需求，合理利用社交媒体与信息聚合平台的资源，避免信息过载和虚假信息的干扰。大学生应积极参与社交媒体上的互动交流活动，与他人分享观点、讨论问题并寻求帮助，从而拓展自己的社交圈子和人脉资源。大学生应重视个人品牌建设，通过社交媒体平台展示自己的专业能力和个人魅力，提升自己在求职市场上的竞争力。

第二节　网络信息筛选与评估技巧

一、网络信息真实性与可靠性的评估标准

在互联网时代，如何有效评估网络信息的真实性和可靠性，已成为大学生必须掌握的技能。

（一）信息来源的评估

评估网络信息可靠性的首要因素是信息来源的声誉和权威性。知名媒体、权威机构、知名企业和教育机构发布的信息往往更值得信赖。这些来源通常拥有严格的事实核查流程和编辑标准，能够确保信息的准确性和公正性。

发布者的专业背景和从业经验也是评估信息可靠性的重要指标。专业人士或领域内的专家发布的信息，因其深厚的专业知识和丰富的实践经验，往往更具可信度。此外，作者的发表记录、学术声誉和网络口碑也是评估其可靠性的重要依据。可以考察出版机构的性质、规模和历史，判断其是否为权威机构或知名平台。了解出版平台的编辑流程和审稿制度，可以进一步确保信息的质量和可靠性。查阅出版平台的用户反馈和评价，也能从侧面反映其信息可信度的整体水平。

（二）信息内容的评估

信息内容的准确性是评估其真实性的核心。准确的信息应与事实相符，经过严谨的论证和验证。对于关键数据和信息，应通过多个独立来源进行交叉验证，以确保其真实无误。

客观性要求信息在呈现时保持中立，不带有明显的偏见或相关利益。信息应尽可能涵盖相关主题的各个方面，提供足够的细节和背景，以便读者形成全面、客观的理解。信息的完备性是指信息全面、完整地覆盖了相关主题。一个完备的信息源不仅会提供核心观点，还会涉及相关证据、数据支持以及不同观点，从而帮助读者形成更加全面和深入的理解。信息的时效性也是评估其可靠性的重要方面。因此，在评估信息时，应关注其发布时间和内容的新鲜度，确保信息在重要性和实际价值上不过时。

（三）信息呈现方式的评估

信息的组织结构和表达方式是评估其明晰性的关键。一个清晰、有条理的信息源更容易被读者理解和接受。信息应明确标注来源、发布时间、作者信息等关键要素，以便读者进行后续验证和追踪。

透明度要求信息在呈现时明确披露任何可能的利益冲突和偏见。这有助于读者判断信息的公正性和客观性。例如，在新闻报道中明确标注广告或赞助信息，可以避免读者对新闻内容的误解和偏见。信息在呈现时应提供充足的证据或引用来源，以支持其论点或结论。这些证据可以是数据、研究报告、专家意见等，它们能够提高信息的可信度。

（四）相关性的评估

评估信息与研究目的或查询主题的关联性至关重要。只有与主题直接相关的信息才具有参考价值。在信息化时代，避免被无关信息干扰，专注对关键信息的筛选和验证，是提高信息评估效率的关键。

信息的时间相关性也是评估其重要性的一方面。某些主题的信息可能随着时间的推移而发生变化，因此在评估信息时，应关注其发布时间和内容的新鲜度，确保信息在时效性上符合需求。对于具有地域性的信息，评估其地理相关性同样重要。不同地区的信息可能存在差异，因此在选择信息时，应确保信息适用于特定地区或受众。

（五）用户反馈的评估

用户评论和评价是反映信息真实性和可靠性的重要指标。关注用户对信息的反馈和看法，可以了解信息的普遍接受程度和潜在问题。同时，注意用户反馈的积极性和一致性，有助于判断信息的整体可信度。

社交媒体平台上的互动情况也能为信息真实性和可靠性的评估提供参考。观察信息在社交媒体上的讨论和传播情况，可以了解其影响力、反响和潜在偏见。同时，通过在社交媒体上进行多方查证和交叉验证，可以进一步提高信息评估的准确性和全面性。

二、利用多元信息源进行交叉验证的方法

在信息时代，大学生作为知识的探索者和未来的社会栋梁，面临着前所未有的信息挑战。如何在海量、多元的信息中找到准确、有价值的内容，成为他们必须掌握的技能。交叉验证作为一种科学的研究方法，同样适用于大学生在日常学习和生活中进行信息筛选与判断。

（一）多元信息源的选择与识别

学术数据库和图书馆是大学生获取权威、准确信息的重要途径。这些资源经过严格的筛选和审核，确保信息的可靠性和学术价值。大学生应充分利用学校提供的图书馆资源和学术数据库获取专业的学术论文、研究报告和权威数据。

官方网站和政府机构发布的信息具有高度的权威性和公信力。大学生在查找政策文件、统计数据、公告通知等信息时，应优先选择官方渠道，

以确保信息的准确性和时效性。知名媒体和新闻源通常拥有严格的新闻采编流程和事实核查机制，能够提供相对准确、客观的新闻报道。大学生在选择新闻源时，应关注媒体的声誉、历史背景和采编团队的专业性，以确保获取的新闻信息真实可靠。社交媒体和网络论坛是大学生获取信息的便捷渠道，但同时也是信息真伪难辨的重灾区。在这些平台上查询信息时，大学生应保持警惕，对信息进行多方查证，避免被虚假信息误导。

（二）交叉验证的方法与步骤

大学生在获取多元信息后，应首先进行信息比对和核实，通过对比不同来源的信息内容、数据、观点等，找出其中的共性和差异，进而判断信息的准确性和可靠性。对于存在明显矛盾或不一致的信息，应进一步查证其来源和真实性。

在交叉验证过程中，大学生应积极查找权威证据。学术论文、研究报告、官方数据等能够证明信息的准确性，引用这些权威证据，可以增强信息的可信度和说服力。当面对复杂或专业性较强的信息时，大学生可以咨询相关领域的专业人士或意见领袖。他们具备深厚的专业知识和丰富的实践经验，能够提供准确、专业的判断和建议。通过与他们的交流和学习，大学生可以更加深入地了解信息背后的真相和本质。在现代社会，技术手段为信息验证提供了有力支持。大学生可以利用搜索引擎的高级功能、数据分析工具等技术手段，对信息进行更加深入、全面的分析和验证。这些技术手段能够帮助他们快速筛选信息、发现潜在问题，并提高交叉验证的效率和准确性。

（三）培养交叉验证的意识与能力

信息素养和批判性思维是大学生进行交叉验证的基础。他们应学会如何有效地获取、评估和利用信息，同时保持对信息的审慎和质疑的态度。通过不断学习和实践，他们可以逐渐提高自己的信息素养和批判性思维能力，从而更好地应对信息挑战。

学术研究和实践活动是锻炼大学生交叉验证能力的有效途径。通过参与科研项目、社会实践等活动，他们可以亲身体验信息搜集、整理和分析的全过程，学会如何运用多元信息源进行交叉验证，并不断提高自己的实践能力和创新能力。在信息时代，持续学习和自我提升是大学生必备的品质。他们应时刻保持对新知识、新技术的敏锐洞察力，不断拓宽自己的视野和知识面，从而更好地适应信息时代的发展需求。

三、识别网络谣言与虚假信息的技巧

在信息时代，网络已成为人们获取信息、交流思想的重要平台。然而，随着网络的普及，网络谣言与虚假信息也大量涌现，给社会带来了不小的困扰。大学生作为社会的精英群体，学会识别网络谣言与虚假信息，不仅关乎个人信息素养的提升，更关乎社会的稳定与发展。

（一）培养信息素养，提高识别能力

大学生应时刻保持对信息的敏锐洞察力，关注社会热点和时事动态，了解信息的来源和传播途径。通过增强信息意识，大学生能够更加警觉地对待网络上的各种信息，减少被谣言和虚假信息误导的可能性。

面对海量的网络信息，大学生需要学会筛选和过滤。他们可以通过关注权威媒体、专业机构或知名人士的账号，获取更加准确和可靠的信息。同时，学会使用搜索引擎的高级功能，如关键词搜索、时间筛选等，也有助于他们更快地找到所需信息，并排除干扰。批判性思维是识别网络谣言与虚假信息的重要武器。大学生应学会对信息进行独立思考和判断，不盲目相信或传播未经证实的信息。他们可以通过分析信息的来源、内容、逻辑等方面，判断其真实性和可信度。

（二）掌握识别谣言与虚假信息的技巧

信息的来源是判断其真实性的重要依据。大学生在获取信息时，应首先关注其来源是否权威、可靠。例如，官方媒体、政府机构或知名企业的信息通常更加准确和可信。相反，一些匿名账号、未经认证的社交媒体或不良网站发布的信息，往往存在较大的虚假和误导风险。

信息的内容是识别谣言与虚假信息的关键。大学生应学会从多个角度对信息内容进行分析和判断。例如，他们可以关注信息是否包含具体的数据、事实或证据来支持其观点；是否存在逻辑上的矛盾或不合理之处；是否涉及敏感话题或煽动性言论等。通过这些分析，他们可以更好地判断信息的真实性和可信度。在面对一条信息时，大学生不应轻易相信或传播，而应该通过对比多方信息来验证其真实性。例如，他们可以搜索相关的新闻报道、专家观点或社交媒体上的讨论等，以获取更加全面和客观的信息。通过对比不同来源的信息，他们可以更好地判断信息的真实性和可信度。信息的传播方式也是识别谣言与虚假信息的重要线索。大学生应关注信息是如何传播的、传播的速度和范围如何等。

（三）实践与应用：将技巧转化为行动

大学生应积极参与信息验证的过程，不轻易相信或传播未经证实的信息。他们可以通过自己的调查和研究来验证信息的真实性，或者向权威机构或专业人士咨询，以获取更加准确和更加可靠的信息。

在面对可疑的信息时，大学生应勇于质疑并举报。他们可以通过向相关平台或机构举报虚假信息或谣言，以维护网络环境的健康和稳定。同时，他们也可以积极参与辟谣活动或公益宣传等来提高信息素养和识别能力。大学生应培养良好的信息传播习惯，不随意转发或传播未经证实的信息。他们在分享信息时应该更加谨慎和负责，确保其分享的信息是准确和可靠的。同时，他们也应该积极倡导和传播正确的信息观和价值观，以维护网络环境的健康和稳定。

第三节　网络信息整合与利用能力

一、信息分类与整理的基本方法

信息分类与整理不仅有助于提高大学生的学习效率，还能培养他们的信息素养和问题解决能力。

（一）信息分类的基本原则

在进行信息分类之前，大学生需要明确信息分类的目的。目的不同，分类的方式和侧重点也不同。

分类标准应根据信息的性质、内容、用途等来确定。常见的分类标准包括主题、时间、来源、重要性等。选择合适的分类标准有助于将信息有序地组织起来。在分类过程中，应保持分类的一致性，避免同一类信息被分散到不同的类别中，或不同类的信息被混淆在一起。这要求大学生在分类时遵循明确的规则和逻辑。

（二）信息整理的基本步骤

信息是分类与整理的基础，因此首先需要广泛地收集信息。大学生可以通过图书馆、学术数据库、互联网、社交媒体等多种渠道获取信息。在收集过程中，应注意信息的准确性和可靠性。

收集到的信息往往包含大量无关或重复的内容，因此需要进行筛选。大学生应根据分类目的和分类标准，剔除无关信息，保留有价值的内容，筛选后的信息需要进行分类存储。大学生可以使用文件夹、标签、笔记本等工具，按照分类标准将信息有序地组织起来。同时，也可以利用电子设备或云存储服务，实现信息的数字化管理。分类存储后的信息还需要进行归纳与总结。大学生可以对每类信息进行概括性的描述，提炼出关键点和核心思想。这有助于他们更好地理解和记忆信息，也为后续的学习和研究提供便利。

（三）具体方法与技巧

现代科技为信息分类与整理提供了诸多便利。大学生可以利用笔记软件或应用，创建不同的笔记本或分区，按照分类标准对信息进行分类存储。这些软件通常还具备搜索、标签、同步等功能，能够极大地提高信息管理的效率。

为了避免信息混乱和遗漏，大学生可以制订一个信息整理计划。他们可以按照时间顺序或优先级，定期整理和学习各类信息。同时，也可以设定具体的目标和任务，以确保信息整理工作的有序进行。思维导图是一种有效的信息可视化工具，可以帮助大学生更好地理解和记忆信息。大学生可以使用思维导图软件，按照分类标准对信息进行组织和展示。通过思维导图，大学生可以清晰地看到各类信息之间的联系和层次结构，有助于他们形成系统的知识体系。

做笔记和标注是信息整理的重要环节。大学生可以在阅读或学习过程中，将重要的信息、观点或灵感记录下来，并进行适当的标注和分类。这有助于他们回顾和复习时快速找到所需内容，也便于他们与他人分享和交流信息。最后，大学生需要培养良好的信息整理习惯。他们应该养成定期整理信息的习惯，保持信息管理的持续性和有序性。同时，他们也应该学会如何快速、有效地找到所需信息，提高信息检索和利用的能力。

（四）实践与应用

在学术研究和论文写作过程中，大学生需要收集大量的文献资料。通过合理的分类与整理，他们可以将这些文献资料有序地组织起来，便于后续的引用和分析。同时，他们也可以利用笔记软件或思维导图等工具，对研究思路和论文结构进行可视化的展示和管理。

在课程学习和复习过程中，大学生需要对教材、课件、笔记等学习资料进行整理。通过分类存储和归纳总结，他们可以将这些学习资料转化为有序的知识体系，提高学习效率。除了学术学习和课程研究，大学生还需要管理日常生活中的各种信息，如日程安排、待办事项、购物清单等。通过合理的分类与整理，他们可以提高信息管理的效率。

二、利用信息管理工具提高效率

在数字化时代，如何有效地管理和利用这些信息，成为提高个人和组织效率的关键。

（一）信息管理工具的定义与重要性

信息管理工具是指那些能够帮助我们搜集、整理、存储、检索和利用信息的软件、平台或系统。它们通过自动化和智能化的方式，使我们能够更加高效地处理信息，从而节省时间、减少错误，并做出更加明智的决策。

在信息时代，信息管理工具的重要性愈发凸显。它们不仅能够帮助我们应对海量的信息，还能够提供数据分析、可视化等功能，这对提高个人工作效率、优化组织决策过程都具有重要意义。

（二）信息管理工具的类型

信息管理工具种类繁多，根据不同的功能和应用场景，可分为以下几类：

笔记类工具：如 Evernote 和 OneNote 等，这类工具主要用于记录笔记、整理思路，支持文本、图片、声频等多种格式的信息存储。

文档管理类工具：如 Google Docs 和 Microsoft Office 365 等，这类工具提供文档的创建、编辑、共享和协作功能，方便团队之间的信息交流和合作。

知识管理类工具：如 Confluence 和 Wiki 等，这类工具主要用于构建和组织知识体系，方便团队成员共享和获取知识。

任务管理类工具：如 Trello 和 Asana 等，这类工具通过创建任务、分配责任、跟踪进度等功能，帮助团队高效地管理项目和任务。

数据分析类工具：如 Excel 和 Tableau 等，这类工具提供强大的数据处理和分析功能，帮助我们从海量数据中提取有价值的信息。

（三）信息管理工具的优势

信息管理工具通过自动化和智能化的方式，帮助我们快速搜集、整理和利用信息，提高处理信息的效率。许多信息管理工具都能提供共享和协作功能，从而方便团队成员之间的信息交流和合作，增强团队的凝聚力和执行力。

通过数据分析和可视化功能，信息管理工具能够帮助我们做出更加明智的决策。信息管理工具能够帮助我们更好地管理时间、任务和知识，提高个人的工作效率和学习能力。

（四）如何有效利用信息管理工具提高效率

在选择信息管理工具时，我们需要明确自己的需求，选择那些能够满足我们需求的工具，不必盲目追求功能全面的工具，而应该选择那些真正适合我们的工具。许多信息管理工具都拥有丰富的高级功能，如数据分析、可视化等。学会使用这些高级功能，可以帮助我们更加深入地挖掘和利用信息。

在使用信息管理工具时，我们需要培养良好的信息管理习惯。例如，定期整理笔记、归档文档、更新知识库等。这些良好的习惯可以帮助我们更好地管理和利用信息。信息管理工具不仅可以帮助我们个人提高效率，还可以促进团队协作与共享。我们应该鼓励团队成员使用相同的工具，并共同维护和更新团队的信息资源。信息管理工具和技术在不断发展和创新，我们需要保持持续学习的态度，不断更新自己的知识和技能。通过参加培训、阅读相关书籍和文章等方式，我们可以不断提升自己在信息管理方面的能力。

三、信息整合在学术研究与实践中的应用

信息整合不仅是学术研究的基础，更是实践活动中不可或缺的一环。

（一）信息整合的定义与重要性

信息整合，简而言之，就是对来自不同来源、格式和类型的信息进行有组织、有系统的整理、归纳和融合，使其形成更加全面、准确和有用的知识或数据集合。在学术研究与实践过程中，信息整合的重要性不言而喻。

第一，学术研究往往涉及大量的文献回顾和数据分析。通过信息整合，我们可以更加系统地梳理前人的研究成果，避免重复劳动，也可以发现新的研究视角和切入点。第二，在实践活动中，信息整合有助于我们全面了解问题背景、现状和发展趋势，从而做出更加明智的决策。无论是企业战略规划、市场调研还是政策制定，都需要准确、全面的信息作为支撑。

（二）信息整合在学术研究中的应用

我们需要对相关领域的文献进行系统的回顾和整理，通过信息整合，形成对该领域研究现状、问题和趋势的全面认识。这有助于我们定位自己的研究方向，确保研究的创新性和实用性。在实证研究中，数据是研究的基石。我们需要从不同来源收集数据，并通过信息整合形成统一的数据集。随后，利用统计分析和数据挖掘技术对数据进行深入分析，以揭示变量之间的关系和规律。

在理论研究中，信息整合有助于我们梳理和整合不同理论观点，以

形成新的理论框架或模型。通过跨学科的信息整合，我们还可以发现不同领域之间的内在联系和互补性，推动学科交叉融合。学术研究成果需要以论文、报告等形式呈现给同行和社会。信息整合在这里发挥着关键作用，它帮助我们将复杂的研究过程、数据和结论以清晰、有条理的方式呈现出来，便于他人理解和评价。

（三）有效进行信息整合的关键要素

在进行信息整合之前，需要明确整合的目标和需求。这有助于确定收集哪些信息以及如何整合这些信息。确保信息源具有可靠性、权威性和时效性，避免使用过时或不准确的信息源。

根据具体需求，选择合适的信息整合技术与方法。例如，使用数据库管理系统来存储和查询数据，使用文本挖掘技术来提取文献中的关键信息等。在信息整合过程中，既要注重质量，也要注重效率。确保整合后的信息准确无误，同时也要尽量提高整合的效率。随着信息技术和学术研究的不断发展，新的信息整合工具和方法层出不穷。因此，要保持持续学习的习惯，不断更新自己的知识和技能。

四、培养大学生持续学习与知识更新的习惯

在当今这个日新月异、知识爆炸的时代，持续学习与知识更新已经成为每个人，尤其是大学生必备的核心能力。大学生作为社会的精英和未来发展的中坚力量，其学习习惯和知识更新能力不仅关乎个人的成长与发展，更对整个社会的进步与创新具有深远影响。因此，培养大学生持续学习与知识更新的习惯，不仅是教育的重要目标，也是时代发展的迫切需求。

（一）持续学习与知识更新的重要性

持续学习与知识更新是适应时代变化的必然要求。在 21 世纪，科技

进步日新月异，新兴行业层出不穷，传统行业也在不断转型升级。大学生若想在激烈的竞争中脱颖而出，就必须保持敏锐的洞察力，不断学习新知识、新技能，以适应不断变化的社会需求。

持续学习与知识更新是个人成长与发展的不竭动力。学习不仅仅是为了获取知识，更是为了培养思维能力、创新能力和解决问题的能力。通过持续学习，大学生可以不断拓宽自己的视野，提升自己的综合素质，为未来的职业生涯奠定坚实的基础。持续学习与知识更新是推动社会创新与进步的重要途径。大学生作为社会的精英群体，他们的创新能力和实践能力对社会的发展具有重要影响。通过持续学习和知识更新，大学生可以不断吸收新知识、新技术，将其应用于实践，推动社会的创新与发展。

（二）培养持续学习与知识更新习惯的挑战

尽管持续学习与知识更新的重要性不言而喻，但在实际操作中，面临着诸多挑战。

大学生需要应对繁重的学业任务，同时还要兼顾课外活动、社交生活等，如何在忙碌的日程中安排时间进行持续学习，成为他们需要解决的首要问题。信息过载与选择困难也是一个不容忽视的挑战。在互联网时代，信息呈现爆炸式增长，大学生面临着海量的学习资源。然而，如何从中筛选出有价值的信息，避免被无关紧要的信息误导，成为他们需要面对的另一大难题。缺乏学习动力与自我激励也是一个普遍存在的问题。持续学习需要强烈的内在动力和坚定的自我激励。然而，大学生往往容易因为缺乏明确的学习目标或动力不足而放弃持续学习。

（三）培养持续学习与知识更新习惯的策略

为了有效应对上述挑战，培养大学生持续学习与知识更新的习惯，我们可以从以下几个方面入手：

　　大学生应该根据自己的兴趣和专业需求，制定明确的学习目标。同时，他们还需要制订详细的学习计划，包括每天、每周、每月的学习任务和时间安排。通过明确的目标和计划，大学生可以更好地管理自己的学习时间，确保持续学习的顺利进行。时间管理是持续学习的关键。大学生应该学会合理安排自己的时间，确保在忙碌时也能抽出时间进行持续学习。同时，他们还要严格按照计划执行学习任务，避免拖延和浪费时间。

　　在互联网时代，学会筛选和利用优质学习资源至关重要。大学生应该学会如何辨别信息的真伪和价值，应选择那些权威、专业、有价值的学习资源。同时，他们还需要学会如何利用这些资源进行有效学习，提高自己的学习效率和质量。大学生应该明确自己学习的目的和意义，将学习与自己的兴趣、价值观和未来发展紧密相连。同时，他们还需要学会自我激励，通过设定奖励、寻找学习伙伴等方式激发自己的学习动力。

第四章 大学生网络沟通技巧 与社交能力培养策略

第一节 网络沟通的基本原则与技巧

一、大学生网络沟通的有效性与礼貌原则

在数字化时代，网络沟通已成为大学生日常生活中不可或缺的一部分。无论是学习、社交还是求职，网络都为我们提供了便捷的交流平台。然而，在网络沟通中，如何确保信息的有效传递并遵循礼貌原则，是每位大学生都需要思考的问题。

（一）网络沟通的有效性

网络沟通的有效性主要体现在信息的准确传递、理解的共识以及沟通目的的达到上。对大学生而言，网络沟通的有效性尤为重要，因为它直接关系到学习效率、社交质量和未来的职业发展。

在网络沟通中，由于文字、表情符号等表达方式的限制，信息很容易被误解。因此，大学生在沟通时应尽量使用清晰、明确的语言，避免使用含糊不清或易产生歧义的词语。同时，对于重要的信息，可以通过多种方式（如文字、图片、语音等）进行确认，以确保对方准确理解。有效的沟通不仅仅是信息的准确传递，更重要的是双方能够达成共识。在网络沟通中，由于双方可能处于不同的背景、语境和文化环境中，因此很容易产生理解上的偏差。为了达成共识，大学生需要积极倾听对方的观点，通过提问、反馈等方式确认对方的理解，并及时调整自己的沟

通策略。网络沟通的最终目的是达成某种共识或实现某种目标，对大学生而言，可能是解决学习问题、建立社交关系或获得某个岗位。为了实现这些目标，大学生需要明确自己的沟通目的，并围绕这一目的进行有针对性的沟通。同时，他们还需要关注对方的反应和需求，灵活调整沟通策略，以确保最终目标的达到。

（二）网络沟通的礼貌原则

在网络沟通中，礼貌原则同样重要。它不仅能够体现个人的素养和品质，还能够促进沟通的顺利进行和关系的和谐发展。对大学生而言，遵循网络沟通的礼貌原则是必不可少的。

尊重是礼貌的核心。在网络沟通中，大学生应尊重对方的观点、感受和隐私。即使对方持有不同的意见或做出不恰当的行为，也应以理性和尊重的方式进行回应，而不是进行攻击或谩骂。在网络沟通中，使用礼貌用语能够体现个人的素养和尊重他人的态度。大学生应尽量避免使用粗俗、侮辱性或攻击性的语言，而是选择温和、友善和尊重的言辞进行表达。同时，他们还可以通过使用表情符号、语气词等方式来营造友好氛围。网络沟通往往涉及不同地域和文化背景的人。因此，大学生在沟通时需要注意语境和文化差异，避免使用可能引起误解或冲突的言辞。对于不确定的表达方式或词语，可以先搜索或咨询他人，以确保沟通的顺利进行。

在网络沟通中，积极倾听和回应是体现礼貌的重要方式。大学生应认真阅读对方的留言或消息，理解其观点和需求，并给予及时的回应。即使无法立即回复，也应告知对方自己正在处理其他事情，并承诺稍后回复。虽然网络沟通工具具有便捷性，但过度依赖它可能导致沟通质量的下降和关系的疏远。因此，大学生应适度使用网络沟通工具，并在必要时选择面对面沟通或电话沟通等更直接、更真实的方式进行交流。

（三）如何提升网络沟通的有效性

了解自己的沟通风格和习惯，识别并改进自己在网络沟通中的不足之处。可以通过录制自己的网络对话或请朋友提供反馈来发现自己的沟通问题。也可以参加沟通技巧培训课程或阅读相关书籍，学习如何更有效地表达自己的观点、倾听他人的意见，以及处理冲突和误解。

尝试从对方的角度思考问题，理解其感受和需求，这样有助于建立更紧密的联系，营造更和谐的沟通氛围。在每次网络沟通后，反思自己的表现并总结经验教训，思考哪些策略能够有效地促进沟通，哪些策略需要改进。通过不断反思和总结，逐渐提升自己的网络沟通能力。如果遇到困难或不确定如何处理某些网络沟通情况，可以寻求专业指导。例如，可以向导师、职业规划师或心理咨询师咨询建议。

二、倾听与反馈在大学生网络沟通中的重要性

在数字化时代，无论是课程讨论、团队协作，还是社交互动，倾听与反馈都是确保沟通有效、建立良好关系的关键。

（一）倾听在网络沟通中的核心作用

倾听是沟通的基础，它不仅仅是指听到对方说话，更指理解对方的意思和感受。在网络沟通中，倾听的重要性尤为突出，因为文字、表情符号等表达方式往往无法完全传达对方的情感和意图。

通过倾听，大学生可以更好地理解对方的观点、需求和感受。这有助于消除误解，避免沟通中的冲突。当对方感受到被认真倾听时，他们更有可能感到被尊重和理解。这种感受是建立信任的基础，而信任又是长期合作和建立良好关系的关键。倾听可以创造一个安全、无威胁的沟通环境，鼓励对方更加开放地分享想法和感受。这对团队协作和深入学习尤为重要。

（二）反馈在网络沟通中的关键作用

反馈是沟通的另一个重要方面，它涉及对对方信息的回应和确认。在网络沟通中，有效的反馈可以提升沟通效果，促进双方的理解和共识。

通过反馈，大学生可以确认自己是否正确理解对方的信息。这有助于避免误解和沟通障碍。积极的反馈可以鼓励对方继续分享想法和感受，从而促进更深入的沟通和交流。如果反馈指出沟通中存在问题或不足，大学生就有机会调整自己的沟通策略，提升沟通效果。

（三）倾听与反馈对沟通效果的影响

倾听与反馈对沟通效果有着深远的影响。它们不仅影响信息的传递和理解，还影响双方的关系和未来的沟通。

通过倾听和反馈，大学生可以确保对信息的准确传递和理解。这有助于避免误解和沟通障碍，提高沟通效率。倾听和反馈可以促进双方的理解和共识。当双方都能够准确理解对方的意思和感受时，他们更有可能达成共识和协作。基于倾听和反馈的沟通可以为长期的合作关系奠定坚实的基础。

（四）倾听与反馈对关系建立的影响

倾听与反馈不仅影响沟通效果，还影响大学生在网络沟通中建立的关系。它们可以促进亲密关系的形成、增强团队的凝聚力，并有助于解决冲突。

通过倾听和反馈，大学生可以更加深入地了解对方，从而建立更加亲密的关系。这种关系可以是友谊、恋爱关系，也可以是师徒关系。倾听和反馈可以促进团队成员之间的理解和协作。当冲突发生时，倾听和反馈可以帮助双方理解对方的立场和感受，从而找到解决冲突的方法。这有助于维护关系的和谐与稳定。

（五）倾听与反馈对个人成长的影响

倾听与反馈不仅影响沟通效果和沟通双方的关系，还对大学生的个人成长有着重要的影响。倾听与反馈可以培养大学生的同理心、提高大学生的沟通能力和促进大学生自我反思。

通过倾听和反馈，大学生可以更加深入地理解他人的感受和立场。这有助于培养他们的同理心，使他们更加关注他人的需求和感受。倾听和反馈是沟通的重要技能。通过不断实践和改进，大学生可以提高自己的沟通能力，以更好地适应数字化时代的需求。反馈可以为大学生提供有关自己沟通行为的宝贵信息。通过反思这些信息，他们可以识别并改进自己在沟通中的不足，从而实现个人成长和发展。

三、非言语信息在大学生网络沟通中的应用

与传统的面对面沟通相比，网络沟通虽然便捷高效，但也存在一定的局限性，尤其是言语信息往往难以完全表达沟通者的真实意图和情感。因此，非言语信息在网络沟通中发挥着越来越重要的作用。

（一）非言语信息的定义与分类

非言语信息是指除言语之外，通过其他方式传达的信息。在网络沟通中，非言语信息主要包括文字符号、表情符号、图片、声频、视频等。这些信息虽然不直接涉及言语内容，但能够传递丰富的情感、态度和语境信息。

（二）非言语信息在大学生网络沟通中的重要性

在网络沟通中，由于文字表达的局限性，很多言外之意和情感难以准确传达。此时，非言语信息可以起到弥补的作用，帮助沟通者更准确地表达自己的意图和情感。非言语信息能够丰富沟通内容，使沟通更加生动有趣。例如，使用表情符号可以营造轻松愉快的氛围，使沟通更加顺畅。

通过分享图片、声频、视频等非言语信息，大学生可以更深入地了解彼此的生活和兴趣，从而增进彼此之间的了解和信任。

（三）非言语信息在大学生网络沟通中的具体应用

表情符号是网络沟通中最常见的非言语信息之一。它能够传达丰富的情感信息，如喜悦、惊讶、愤怒等。在大学生网络沟通中，恰当地使用表情符号可以使沟通更加生动有趣，缓解紧张气氛，增进彼此之间的了解。在分享生活经历、学习资料或团队项目时，图片和视频能够提供更直观、更生动的信息。它们能够展示更多的细节和背景信息，帮助沟通者更准确地理解对方的意图和情感。此外，通过分享个人照片或视频，大学生还可以增进彼此之间的了解和信任。

在某些情况下，使用声频进行沟通会更加直接和有效。例如，在讨论课程问题或进行团队协作时，通过语音通话可以更直接地交流想法和意见，减少误解和歧义。同时，声频还可以传递更多的情感信息，如语调、语速等。个性化签名是大学生在网络空间中展示自我形象的重要方式之一。通过精心设计的签名，大学生可以传达自己的个性、兴趣和价值观等信息。

（四）非言语信息对沟通效果与关系建立的影响

通过恰当地使用非言语信息，大学生可以更准确地表达自己的意图和情感，减少误解和歧义。这有助于提高沟通效率和质量，使沟通更加顺畅有效。非言语信息能够展示更多的个人细节和背景信息，帮助大学生更深入地了解彼此的生活和兴趣。这有助于增进彼此之间的了解和信任，为建立长期稳定的合作关系奠定基础。

通过精心设计的非言语信息（如个性化签名、头像等），大学生可以在网络空间中塑造独特的个人形象和品牌。这有助于提升个人影响力，为未来的职业发展和社会交往打下良好基础。

（五）非言语信息应用的注意事项与挑战

不同的文化背景对非言语信息的解读可能存在差异。因此，在使用非言语信息时，大学生需要关注文化差异，避免造成误解或冲突。过度使用或不当使用非言语信息可能会产生负面影响。例如，过多使用表情符号可能会被视为不专业或轻浮，分享不当的图片或视频可能会侵犯他人隐私或引发争议等。因此，在使用非言语信息时，大学生需要保持适度与恰当。

网络沟通平台的技术限制和兼容性问题可能会影响非言语信息的传达效果。例如，某些平台可能不支持某些类型的文件或格式，网络延迟或中断可能会影响声频视频的传输质量等。因此，在使用非言语信息时，大学生需要关注技术挑战与限制，并采取相应的应对措施。

四、大学生适应不同网络沟通环境的策略

不同的网络沟通环境具有不同的特点和要求，这对大学生的沟通能力提出了挑战。为了适应不同的网络沟通环境，大学生需要掌握一系列策略，以确保沟通的顺畅和有效。

大学生需要了解不同网络沟通环境的特点。常见的网络沟通环境包括社交媒体、在线学习平台、电子邮件、即时通信工具等，每种环境都有其独特的沟通规范和礼仪。例如，社交媒体更注重轻松、互动的风格，而电子邮件则更注重正式、规范的表达。了解这些特点有助于大学生更好地适应不同的沟通环境，并避免不必要的误解和冲突。在不同的网络沟通环境中，大学生需要灵活调整自己的沟通方式，包括语言风格、表达方式、信息组织结构等方面。在社交媒体上，可以使用更加口语化、轻松的语言风格，并适当使用表情符号和缩写来增加亲和力。而在撰写电子邮件时，则需要使用更加正式、规范的语言，并注意邮件的格式和排版。

非言语信息（包括表情符号、图片、声频、视频等）在网络沟通中具有重要作用。大学生要注重运用非言语信息，以增强沟通的生动性和有效性。例如，在社交媒体上，可以使用表情符号和图片来表达情感和态度，增加沟通的趣味性。而在在线学习平台上，则可以通过分享屏幕、录制视频等方式来展示学习成果和思路，提高沟通的效率和质量。良好的沟通习惯是适应不同网络沟通环境的关键。

大学生需要注重沟通的及时性、准确性和礼貌性。及时性意味着要在合理的时间内回复他人的信息，避免拖延和遗忘。准确性则要求大学生在沟通时表达要清晰、准确，避免产生歧义和误解。礼貌性则体现在对他人的尊重和关心上，如使用恰当的称呼、表达感谢和歉意等。通过建立良好的沟通习惯，大学生可以在不同的网络沟通环境中留下积极、专业的印象。

在全球化背景下，大学生可能会面临与不同文化背景的人进行沟通的情况。此时，提高跨文化沟通能力尤为重要。大学生需要了解不同文化的沟通规范和礼仪，尊重他人的文化差异，并避免使用可能引起误解或冲突的语言和表达方式。通过提高跨文化沟通能力，大学生可以在国际化的网络沟通环境中更加自信、得体地表现自己。

网络沟通虽然便捷高效，但也存在一定的挑战和困难，如网络延迟、信息丢失、语言障碍等问题都可能影响沟通的顺畅进行。面对这些挑战，大学生需要保持冷静和耐心，积极寻找解决问题的方法。例如，可以尝试使用不同的沟通工具或平台来避免网络延迟问题；在信息丢失时，及时与对方确认并补发；在遇到语言障碍时，借助翻译工具或寻求他人的帮助。通过积极应对网络沟通中的挑战，大学生可以更加从容地应对不同的沟通环境。

大学生可以在日常生活中多尝试使用不同的沟通工具和平台，积累沟通经验并总结沟通技巧。同时，也可以向他人请教或参加相关的培训课程来提高自己的沟通能力。在实践过程中，大学生需要注重反思和总结，分析自己在沟通中的优点和不足，并制订相应的改进计划。通过不断的实践和反思，大学生可以逐渐提高自己的网络沟通能力，并更好地适应不同的沟通环境。

第二节　社交媒体平台在大学生社交中的应用

一、大学生使用社交媒体平台的特点与功能介绍

在数字化时代，社交媒体平台不仅为大学生提供了与朋友、家人和同龄人交流互动的渠道，还成了他们获取信息、分享经验、展示自我和建立社交网络的重要工具。

（一）大学生使用社交媒体平台的特点

平台通常会提供与学业、校园生活、职业发展等相关的信息和资源，以满足大学生的实际需求。社交媒体平台的核心特点是高度的互动性。大学生可以在平台上发布状态、分享照片、发表观点，并与其他用户进行实时互动，如点赞、评论和转发。这种互动性不仅增强了用户之间的连接，还促进了信息的快速传播和共享。

大学生社交媒体平台上的内容涵盖了生活的方方面面，从学术讨论到娱乐八卦，从校园生活到社会热点。这种多样性的内容为大学生提供了一个广阔的信息和知识获取空间。通过用户之间的关系网络，社交媒体平台构建了复杂的社交网络结构。大学生可以轻松地添加朋友、关注感兴趣的人或组织，并基于这些关系发现更多有趣的内容和联系人。随着智能手机的普及，大学生越来越注重移动端的用户体验。这些平台通常会提供便捷的移动应用，使大学生能够随时随地地访问和使用。

（二）大学生使用社交媒体平台的功能

大学生可以在社交媒体平台上分享各种类型的信息，包括文本、图片、视频和链接。这些信息可以是个人生活的点滴、学术研究的成果、校园活动的通知或是对社会事件的看法。平台通过算法将这些信息推送给用户的关注者或可能感兴趣的其他用户，从而实现信息的广泛传播。社交媒体平台为大学生提供了丰富的社交互动工具，如私信、群聊、语音通话和视频通话等。这些工具使得大学生可以很方便地与朋友保持联系，建立新的社交关系，并参与各种兴趣小组或社区中。

在社交媒体平台上，大学生可以通过发布有价值的内容、展示个人才艺或分享独特观点来塑造自己的个人品牌和形象。一个精心打理的社交媒体账号可以成为大学生展示自我、吸引关注和发挥影响力的有效工具。许多社交媒体平台都提供了丰富的学习资源和知识获取渠道。大学生可以参加线上课程、加入学习小组，或通过平台上的搜索引擎和推荐系统发现有价值的学习资料和信息。一些社交媒体平台还提供针对大学生的职业发展和就业服务。这些服务包括简历制作、职位搜索、面试技巧分享、职业规划咨询等，帮助大学生更好地准备和应对职场挑战。社交媒体平台也成为许多大学生寻求心理健康和情感支持的重要渠道。许多平台都设有心理健康专栏、情感交流社区或提供在线心理咨询服务，帮助大学生应对压力、焦虑和其他情感问题。

（三）大学生使用社交媒体平台的场景

大学生可以在社交媒体平台上发布学术研究成果、参与学术讨论、分享学习资料和经验，从而拓宽学术视野和增强学术能力。社交媒体平台是大学生组织校园活动、发布活动通知和招募参与者的有力工具。通过平台，大学生可以轻松地邀请朋友、扩大活动影响力，并实时更新活动进展。

许多企业和组织都会在社交媒体平台上发布招聘信息和实习机会。大学生可以关注这些账号，及时获取最新的就业和实习信息，并通过平台提交申请或进行在线面试。社交媒体平台为大学生提供了一个展示自己兴趣爱好和特长的舞台。无论是音乐、绘画、摄影，还是编程、设计，大学生都可以通过平台分享自己的作品和成果，吸引志同道合的朋友和粉丝。大学生社交媒体平台也是关注社会热点和参与公益活动的重要渠道。通过平台，大学生可以了解最新的社会动态、参与线上讨论、发起或加入公益活动，为社会贡献自己的力量。

二、大学生社交媒体使用现状与趋势分析

在数字化时代，社交媒体不仅深刻地影响了大学生的社交方式、信息获取途径，还影响了他们的学习、价值观及心理健康。

（一）大学生社交媒体使用现状

当前，社交媒体在大学生群体中的普及程度极高。据调查，超过90%的大学生每天会使用社交媒体，且使用时长普遍较长。这一现象与智能手机的普及密不可分，使得大学生能够随时随地进入社交媒体平台。此外，大学生在社交媒体上的使用情况呈现出碎片化特点，他们会在课间、午休、睡前等多个时间段频繁打开社交媒体应用软件。

微信、QQ、微博、抖音等是大学生最常用的社交媒体平台。微信因其强大的即时通信功能和朋友圈分享机制，成为大学生日常交流和信息获取的主要渠道。QQ则因其丰富的功能和年轻化的用户群体，在大学生中仍保持着较高的渗透率。微博以其开放性和互动性，吸引了大量关注时事新闻和社会热点的大学生用户。而抖音等短视频平台，则以其丰富的娱乐内容和高效的算法推荐机制，成为大学生休闲娱乐和获取信息的新宠。在功能偏好方面，大学生更倾向于使用社交媒体的即时通信、朋

友圈分享、新闻资讯浏览和视频观看等功能。这些功能不仅满足了他们的社交需求，还为他们提供了获取信息和娱乐消遣的便捷途径。

社交媒体改变了大学生的社交方式，使他们更倾向于通过线上平台与朋友、家人和同学保持联系。在社交媒体上，大学生会分享生活动态、表达情感、交流观点，甚至进行线上购物和娱乐活动。同时，社交媒体也是大学生获取信息的重要渠道，他们通过关注新闻资讯、行业动态和学术研究成果，不断拓宽自己的知识视野。然而，社交媒体上的信息过载也给大学生带来了一定的困扰。他们需要在海量信息中筛选出有价值的内容，并避免被虚假信息和不良信息误导。随着社交媒体使用的普及，隐私和安全问题也日益凸显。大学生在享受社交媒体带来的便利的同时，也面临着个人信息泄露、网络欺诈和网络暴力等风险。因此，保护个人隐私和网络安全已成为大学生使用社交媒体时需要关注的重要问题。

（二）大学生社交媒体使用趋势

未来几年，短视频平台将继续保持强劲的增长势头。抖音、快手等短视频平台以其丰富的内容、高效的算法推荐和便捷的交互方式吸引了大量年轻用户的关注。大学生将越来越依赖这些平台获取娱乐信息、学习新知识，以及社交互动。随着人工智能技术的不断发展，社交媒体平台将更加注重个性化和定制化服务的提供。通过大数据分析用户的兴趣和行为习惯，平台可以为用户推荐更加精准和个性化的内容和服务。这将使得大学生在使用社交媒体时能够获得更加个性化和满足自身需求的体验。

电商将成为社交媒体未来的重要发展方向之一。通过社交媒体平台进行购物和推广已成为越来越多年轻人的选择。大学生作为社交媒体的主要用户群体之一，也将积极参与社交电商活动，享受购物和分享的乐趣。同时，电商也将为大学生提供更加便捷和高效的购物体验以及更多的创业和就业机会。随着隐私泄露和网络安全问题的日益严重，大学生将更加重视隐私保护，并增强网络安全意识。他们将更加注重在社交媒体上保护个人隐私信息，避免泄露敏感数据。同时，他们也将更加关注网络安全问题，避免受到网络欺诈和网络暴力的侵害。社交媒体平台也将加强隐私保护措施和网络安全监管力度，以保障用户的权益和安全。随着社交媒体用户群体的不断细分和多样化需求的增加，"兴趣社交"将成为社交媒体未来的重要趋势之一。大学生将根据自己的兴趣爱好和需求加入不同的兴趣小组或社群，并与志同道合的人进行交流和分享。这种基于兴趣爱好的社交方式将促进圈层文化的形成和发展，使社交媒体上的社交互动更加深入、更有意义。

三、社交媒体对大学生人际关系建立与维护的作用

在数字化时代，社交媒体已成为大学生日常生活的重要组成部分，对大学生建立与维护人际关系产生了深远的影响。

（一）社交媒体与大学生人际关系的建立

社交媒体为大学生提供了一个可以跨越时空的社交平台，使他们能够轻松地与来自不同背景、专业和兴趣的人建立联系。通过加入各种社交群组、参与线上讨论和关注感兴趣的话题，大学生可以迅速扩大自己的社交圈子，结识新朋友，从而扩大自己的人际关系网络。社交媒体平台提供了多样化的社交渠道，如即时通信、朋友圈分享、群组讨论等，使大学生能够根据自己的需求和喜好选择合适的社交方式。这些多样化的渠道不仅满足了大学生的社交需求，还为他们提供了更多展示自我和了解他人的机会。

传统的社交方式往往需要面对面的交流和互动，这对一些内向或害羞的大学生来说是一个挑战。而社交媒体则降低了社交门槛，使大学生

可以在更加轻松和自在的环境中与他人建立联系。通过社交媒体,他们可以逐渐克服社交障碍、提高社交能力。

(二)社交媒体对维护大学生人际关系的作用

社交媒体为大学生提供了保持持续互动的渠道。他们可以随时随地地与朋友保持联系,分享生活动态、交流观点和感受。这种持续的互动有助于加深对彼此的了解和信任,从而维护和发展人际关系。在社交媒体上,大学生可以更容易地表达自己的情感和感受,并获得来自朋友的情感支持。当他们遇到困难或挫折时,可以通过社交媒体寻求朋友的帮助和鼓励,从而减轻心理压力。社交媒体为大学生提供了一个分享共同兴趣和经历的平台。他们可以在社交媒体上发布感兴趣的内容,如照片、视频、文章等,并邀请朋友一起参与讨论和分享。这种共同的分享和经历有助于加深彼此之间的联系和默契,从而维护和发展更深层次的人际关系。

(三)社交媒体对大学生人际关系的挑战与应对

虽然社交媒体为大学生提供了便捷的社交渠道,但过度依赖虚拟社交可能会导致现实社交能力的下降。因此,大学生需要在虚拟社交和现实社交之间找到平衡点,合理安排时间,保证足够的现实社交时间。在社交媒体上,大学生的个人信息和隐私可能面临被泄露的风险。因此,他们需要增强隐私保护意识,谨慎设置个人资料的可见范围,并避免在社交媒体上泄露敏感信息。同时,他们也需要关注信息安全问题,避免受到网络欺诈和恶意攻击。社交媒体上还可能存在网络暴力和负面情绪的传播。大学生要学会应对这些挑战,保持冷静和理性,不参与传播负面信息。同时,他们也要学会寻求帮助和支持,如向朋友、家人或专业人士寻求帮助。

四、大学生避免社交媒体过度使用的策略

随着社交媒体使用的日益普遍，越来越多的大学生开始面临过度使用社交媒体的问题。这种依赖不仅影响了他们的学习、生活和人际关系，还可能对他们的心理健康造成负面影响。因此，探讨大学生如何避免过度使用社交媒体具有重要的现实意义。

第一，大学生需要充分认识到过度使用社交媒体的危害，包括对学习的影响，如分散注意力、减少学习时间和降低学习效率；对生活的影响，如减少现实社交、影响睡眠质量和增加生活压力；对心理健康的影响，如引发焦虑、抑郁和自卑等心理问题。只有深刻认识到这些危害，大学生才能产生改变的动力，积极寻求避免过度使用社交媒体的方法。为了避免过度使用社交媒体，大学生需要设定合理的使用时间。他们可以根据自己的学习和生活安排，制订一个具体的社交媒体使用计划，明确每天或每周的使用时长。同时，他们还可以使用一些工具或应用来监控自己的使用时间，确保不超过设定的限制。通过设定合理的使用时间，大学生可以更好地控制自己的社交媒体行为。

第二，培养多元化的兴趣爱好是避免过度使用社交媒体的有效途径。大学生可以积极参加各种课外活动和社团活动，这些活动不仅可以丰富他们的校园生活，还可以帮助他们结交更多志同道合的朋友，从而减少在社交媒体上寻求社交满足的需求。同时，多元化的兴趣爱好也有助于提高大学生的自我认同感和自信心，使他们可以自主地面对生活和学习中的挑战。现实社交是避免过度使用社交媒体的重要方法。大学生应该积极参与现实生活中的社交活动，如与朋友聚会、参加学术讲座和志愿者活动等。通过这些活动，他们可以与他人建立更加真实和深入的联系，加深彼此之间的了解和信任。同时，现实社交也有助于提高大学生的社交能力和沟通技巧，使他们更好地适应现实生活中的各种社交场合。

第三，提高自我管理能力与自律能力是避免过度使用社交媒体的关键。大学生应该学会合理安排自己的时间和精力，确保在学习、生活和社交之间取得平衡。他们可以制定一个具体的时间表或日程安排表，明确每天的任务和目标，并严格按照计划执行。同时，他们还需要培养自己的自律性，学会抵制社交媒体的诱惑和干扰，坚持完成自己的学习和生活任务。如果大学生发现自己已经陷入了过度使用社交媒体的困境中，他们可以积极寻求专业帮助。他们可以向学校的心理咨询师或辅导员寻求帮助和建议，了解自己的问题并寻求有效的解决方案。同时，他们还可以参加一些相关的讲座或工作坊等活动，学习如何更好地管理自己的社交媒体行为，并提升自己的心理健康水平。

第四，培养积极心态也是避免过度使用社交媒体的重要策略之一。大学生应该学会关注自己的内心世界和情感体验，保持积极乐观的心态，面对生活中的挑战和困难。他们可以通过冥想、瑜伽等方式来放松身心、减轻压力和焦虑情绪，也可以通过阅读、写作等方式来表达自己的情感和想法，提高自我表达能力。这些方式都有助于帮助他们更好地管理自己的情感和行为，减少过度使用社交媒体的可能性。

第三节　网络社交中的自我呈现与形象管理

一、大学生网络社交中的个人品牌塑造

对大学生而言，网络社交不仅是他们进行社交娱乐的场所，更是他们展示自我、塑造个人品牌的重要舞台。

个人品牌是指一个人在他人心目中的形象、印象和认知，是个人价值、专业能力和独特魅力的综合体现。在网络社交中，个人品牌尤为重要，因为它能够影响他人对大学生的看法，进而影响大学生的社交圈子、职

业发展和人生机遇。一个积极、专业的个人品牌能够帮助大学生在众多人中脱颖而出，获得更多的关注和机会。大学生作为网络社交的主力军，他们在网络上的行为举止直接影响个人品牌的塑造。然而，当前大学生在网络社交中面临着诸多挑战，如信息过载、隐私泄露、网络欺凌等。这些问题不仅威胁他们的网络安全，还可能对个人品牌造成负面影响。因此，大学生要更加谨慎地管理自己的网络社交行为，以避免不必要的风险。

在网络社交中，首先要明确自己的个人定位，即想要成为什么样的人、展示什么样的形象，包括职业方向、兴趣爱好、价值观等。一个清晰明确的个人定位能够更好地聚焦自己的优势，塑造独特的个人品牌。个人资料是网络社交中的"门面"，是他人了解大学生的第一窗口。因此，大学生需要认真填写个人资料，包括头像、昵称、个人简介等。这些资料应该能够准确反映个人定位和特点，吸引他人的关注。内容是塑造个人品牌的核心。大学生需要定期发布高质量的内容，如文章、图片、视频等，以展示专业知识、独特见解和魅力。这些内容应该与大学生的个人定位保持一致，以体现大学生的价值和能力。网络社交是一个互动的过程。大学生需要积极参与社交活动，如评论、点赞、转发等，与他人建立良好的互动关系。这样不仅能够增加曝光度，还能够提升社交影响力。在网络社交中，大学生要时刻注意自己的言行举止，维护良好的网络形象，避免发布不当言论、泄露他人隐私等行为，以免对个人品牌造成负面影响。

二、大学生言行一致与诚信形象的重要性

在当今社会，言行一致与诚信形象被视为个人品质的重要体现，尤其是对大学生这一特定群体。大学生的一言一行不仅代表自身，更在某种程度上映射出整个社会的道德风貌和价值取向。因此，深入探讨大学

生言行一致与诚信形象的重要性，对促进大学生的全面发展以及社会的和谐进步具有深远的意义。

（一）言行一致：大学生人格魅力的基石

言行一致，简而言之，就是所说与所做保持一致，不虚伪、不夸张、不隐瞒。对大学生而言，言行一致不仅是对他人的一种尊重，更是自我人格魅力的展现。在大学这个相对自由、开放的环境中，学生们有机会接触各种思想、观念和文化，从而形成自己独特的世界观、人生观和价值观。在这个过程中，言行一致成了衡量一个大学生具备成熟人格的重要标志。一个言行一致的大学生，往往能够树立良好的形象，赢得他人的信任和尊重。

（二）诚信形象：大学生社会交往的通行证

诚信，是中华民族的传统美德，也是现代社会公民的基本素养。对大学生而言，诚信形象不仅关乎个人的名誉和前途，更直接影响其社会交往的广度和深度。

一个拥有诚信形象的大学生，在社会交往中往往能够获得更多的机会和资源。无论是求职、创业，还是参与社会活动，诚信都是一张重要的通行证，它能够帮助大学生建立起广泛而稳固的人际关系网，为未来的职业发展打下坚实的基础。

（三）言行一致与诚信形象对大学生的深远影响

言行一致和诚信形象有助于大学生形成健全的人格和正确的价值观。它们像一盏明灯，指引大学生在成长的道路上不断前行，成为更加优秀、更有责任感的人。在大学期间形成的言行一致和诚信形象，将成为大学生们步入社会后的重要资本，能够帮助大学生更快地适应社会的复杂环境，更好地处理各种人际关系和利益纠葛。

（四）如何培养言行一致与诚信形象

大学生应该注重自我修养的提高，通过阅读经典著作、参加文化活动等方式，丰富自己的内心世界，形成独立、自主、有责任感的人格特质。诚信不仅仅是一种观念或态度，更是一种需要付诸实践的行为。大学生在日常生活中应该遵循诚信原则，如按时还款、遵守承诺、不抄袭作业等，通过这些具体的行为实践，逐步树立自己的诚信形象。

言行一致和诚信形象的形成是一个长期的过程，需要不断地接受社会的监督和反馈。大学生应该勇于面对自己的不足和错误，积极听取他人的意见和建议，不断改进和完善自己。大学生们应该树立榜样意识，用自己的言行和形象去影响和带动周围的人，通过积极参与公益活动、志愿服务等方式，展现大学生的良好风貌和诚信品质。

三、大学生隐私设置与个人信息保护的策略

随着网络技术的飞速发展，个人信息泄露、隐私侵犯等事件频发，给大学生的生活和学习带来了诸多困扰。因此，探讨大学生隐私设置与个人信息保护的策略，对维护大学生的合法权益、促进网络环境的健康发展具有重要意义。

（一）大学生隐私与个人信息保护的现状

当前，大学生在使用互联网时，往往面临着隐私泄露和个人信息被滥用的风险。一方面，许多大学生在网络平台上随意分享个人信息，如姓名、生日、住址、电话号码等，这些信息一旦被不法分子获取，就可能被用于诈骗、身份盗用等违法行为。另一方面，一些大学生不了解网络平台的隐私设置，或者忽视了隐私设置的重要性，导致个人信息在不经意间被泄露。

（二）隐私设置与个人信息保护的重要性

隐私权是个人的基本权利之一，保护隐私就是维护个人的尊严和自由。个人信息泄露可能会导致财产损失、名誉受损等严重后果，因此加强隐私设置和个人信息保护是维护个人权益的必要手段。个人信息保护是网络安全的重要组成部分。加强隐私设置，可以有效防止黑客攻击、病毒入侵等网络安全威胁，保障网络的稳定运行。

个人信息泄露和隐私侵犯不仅会损害个人利益，还可能会引发社会矛盾和冲突。加强隐私设置和个人信息保护，有助于维护社会稳定、和谐。

（三）大学生隐私设置与保护个人信息的策略

大学生应充分认识到隐私保护的重要性，了解个人信息泄露可能带来的风险。学校和社会应加强对大学生的隐私教育，增强他们的隐私保护意识。大学生在网络平台上分享个人信息时，应谨慎考虑信息的敏感性和必要性，避免在公开场合或不可信的平台上透露重要个人信息，如身份证号码、银行卡号等。

大学生应详细了解网络平台的隐私设置选项，并根据自己的需求进行合理设置；定期检查和更新隐私设置，确保个人信息的安全；为不同的网络平台设置不同的密码，并定期更换；启用双重验证功能，增加账户的安全性。

大学生应学会识别网络诈骗的常见手段，如假冒网站、钓鱼邮件等；避免下载和安装来源不明的软件，以防恶意软件窃取个人信息；关注并参与与隐私保护相关的公益活动；通过社交媒体等渠道宣传隐私保护知识，增强公众的隐私保护意识；了解个人信息保护相关的法律法规，如《中华人民共和国个人信息保护法》等；在个人信息被泄露或滥用时，及时通过法律途径维护自己的合法权益。

（四）学校与社会在大学生隐私保护中的角色

学校应将隐私保护教育纳入课程体系中，定期开展相关讲座和培训，提供专业的隐私保护指导，帮助学生了解并掌握隐私设置技巧。政府部门应加强个人信息保护法律法规的制定和执行。社交媒体和网络平台应承担起社会责任，加强用户隐私保护。公众媒体应积极宣传隐私保护知识，增强全社会的隐私保护意识。

四、大学生应对网络负面评价与形象危机的方法

（一）网络负面评价与形象危机的影响

长期的负面评价可能会导致大学生出现焦虑、抑郁等心理问题，影响其心理健康。负面评价可能会导致大学生在社交场合中感到不自在，甚至产生社交恐惧。形象危机可能会分散大学生的注意力，导致其无法专注学业。负面评价可能会影响大学生的职业声誉，使其在求职过程中面临更多困难。

（二）应对网络负面评价与形象危机的方法

面对网络负面评价，大学生首先要保持冷静和理性，要认识到网络空间中的言论往往带有主观性和片面性，不应过分在意或过度解读。对于明显带有恶意或攻击性的言论，可以选择忽略或举报。如果负面评价涉及误解或错误信息，大学生应积极与相关方进行沟通，澄清事实。可通过私信、评论回复等方式，向评价者提供准确信息，以消除误解。同时，也可以在自己的社交媒体平台上发布澄清声明，让更多人了解真相。

大学生应提高自我认知，明确自己的优点和不足，并接受自己的不完美。培养自信心可以很好地抵御负面评价带来的心理冲击，大学生可以参加一些自我提升的课程或活动，如心理咨询、技能培训等，以增强自己的内在实力。大学生可以通过积极发布正面内容、参与有意义的网

络讨论等方式，树立积极的网络形象。这样不仅可以提高自己在网络空间中的知名度，还可以有效抵消负面评价的影响。同时，要注意保持言行一致，避免在网络空间中留下不良记录。面对严重的网络负面评价与形象危机，大学生可以向家人、朋友、教师或心理咨询师寻求帮助和支持。他们可以提供情感上的慰藉和实际建议，帮助大学生更好地应对困境。对恶意诽谤、侵犯名誉权等违法行为，大学生可以通过法律途径维护自己的合法权益，可以向相关部门举报或提起诉讼，要求侵权者承担相应的法律责任。

（三）学校与社会在应对中的角色

学校应加强对大学生的网络素养教育，引导他们正确看待网络评价，学会理性应对。同时，可以开设相关的心理健康课程或讲座，帮助大学生提高心理素质和应对能力。

社会应建立完善的支持体系，为遭受网络负面评价与形象危机的大学生提供必要的帮助和支持，包括心理咨询、法律援助、就业指导等多个方面。政府部门应加强对网络言论的监管，制定和完善相关的法律法规，打击网络诽谤、侵犯名誉权等违法行为，为大学生营造一个更健康、更安全的网络环境。

第四节　网络社交中的冲突与解决策略

一、大学生产生网络社交冲突的常见原因

随着网络社交的普及，大学生在网络空间中产生的冲突也日益增多。这些冲突不仅影响大学生的心理健康，还可能对其社交关系、学业和未来职业发展造成不利影响。因此，深入探讨大学生在网络社交中产生冲

突的常见原因，对促进网络社交的健康发展、维护大学生的合法权益具有重要意义。

（一）网络社交的特性与产生冲突的原因

网络社交具有匿名性、跨时空性、去中心化等特性，这些特性为大学生提供了便捷的社交方式，但同时也为冲突的产生提供了可能。在网络空间中，人们可以轻易地隐藏自己的真实身份，这使得一些人在发表言论时更加肆无忌惮，容易引发冲突。此外，网络社交的跨时空性使得不同地域、不同文化背景的人能够轻易地进行交流，但也容易因为文化差异、价值观不同而产生误解和冲突。

（二）大学生在网络社交中产生冲突的常见原因

网络社交的匿名性使得一些大学生在发表言论时缺乏责任感。他们可能在没有充分思考的情况下发表攻击性、侮辱性或挑衅性的言论，从而引发冲突。由于匿名性的保护，这些人往往不需要为自己的言论承担后果，这进一步加剧了网络社交中的冲突。大学生来自不同的地域和文化背景，他们在网络社交中可能因为文化差异和价值观的不同而产生误解和冲突。例如，一些地域或文化中的习俗、传统或观念可能在其他地域或文化中并不被接受或理解，这可能会导致双方之间的争执和冲突。

在网络社交中，信息的传递往往依赖文字和符号，这使得信息的解读容易产生误解。有时候，一个简单的表情符号或缩写可能被解读为不同的意思，从而引发冲突。此外，由于网络社交的即时性，人们在沟通时可能没有足够的时间来思考和组织语言，这也可能导致沟通障碍和冲突的产生。在网络社交中，群体极化现象较为常见。当某个群体内的成员持有相似的观点或立场时，他们可能会更加极端地表达这些观点，以寻求群体的认同和支持。这种极端化的表达往往容易引发与其他群体的冲突。同时，从众心理也使得一些大学生在网络社交中盲目跟风，参与一些不必要的争执和冲突。网络欺凌是大学生网络社交中常见的冲突形式之一。一些大学生可能出于嫉妒、羡慕等原因，对其他同学进行网络欺凌，如恶意评论、造谣诽谤等。这种行为不仅会损害受害者的名誉和心理健康，还可能引发更大范围的冲突和纷争。在网络社交中，隐私泄露也是一个常见的问题。一些大学生可能因为不慎泄露了自己的个人信息或隐私，而引发与其他人的冲突。同时，网络社交中的信任危机也可能导致冲突的产生。由于网络空间的虚拟性和不确定性，人们往往难以建立真正的信任关系，这使得一些人在网络社交中容易产生猜疑和争执。

（三）应对大学生网络社交冲突的策略

学校应教育大学生如何保护个人隐私和避免网络欺凌。在网络社交中，建立有效的沟通机制对预防和解决冲突具有重要意义。大学生应学会倾听他人的观点，尊重他人的意见，并尝试通过协商和妥协来解决问题。同时，他们也可以利用一些网络社交平台的举报和投诉机制来维护自己的权益。

批判性思维有助于大学生在网络社交中更加理性地看待问题，避免盲目从众和极端化表达。他们应学会独立思考，对网络信息进行甄别和筛选，不轻易相信和传播未经证实的信息。大学生应增强法律意识，了解网络社交中的法律法规和道德规范。在遇到网络欺凌、恶意攻击或隐私泄露等问题时，他们应学会运用法律手段来维护自己的合法权益。同时，他们也应提高自我保护能力，避免在网络社交中泄露个人信息和隐私。当大学生在网络社交中遇到严重的冲突和问题时，他们不应孤军奋战，可以向家人、朋友、教师或心理咨询师寻求帮助和支持。这些人可以提供情感上的慰藉和实际的建议，帮助大学生更好地解决困难。

二、大学生有效沟通与解决冲突的技巧

有效沟通与解决冲突不仅有助于学业和职业发展，还能在日常生活中提升个人幸福感。

（一）有效沟通的重要性与基础

有效沟通是维持人际关系的基石，它涉及信息的准确传递、理解和反馈。对大学生而言，有效沟通能够促进团队协作、增进师生理解，并在学术和社交环境中建立信任关系。倾听是有效沟通的关键环节。大学生需要培养耐心倾听他人观点的习惯，避免打断或过早下结论。通过倾听，我们可以更好地理解他人的需求和感受，从而给出恰当的回应。

清晰的表达是确保信息准确传递的基础。大学生在沟通时，应使用简洁明了的语言，避免使用过于复杂或模糊的词语。同时，注意语速和语调，以保持沟通的流畅和有效性。非言语沟通，如面部表情、肢体语言和声音变化，在沟通中同样起着重要作用。大学生要学会观察和理解这些非言语信号，以更全面地把握沟通的真实含义。

（二）冲突解决的基本策略

在生活中，冲突不可避免，但有效的冲突解决策略可以帮助我们将冲突转化为成长和学习的机会。在解决冲突时，首先需要识别冲突的根源。这通常涉及对双方立场和需求的深入分析。大学生可以通过提问和倾听来更好地理解冲突的本质。

情绪化的反应往往会加剧冲突。因此，大学生在解决冲突时，需要保持冷静和客观，避免情绪化的言语和行为，通过深呼吸、暂时离开现场等方式帮助自己冷静下来。在冲突中，寻找共同点有助于开始对话。大学生可以尝试从对方的角度思考问题，寻找双方都能接受的解决方案。这有助于缩小分歧，促进和解。妥协是解决冲突的关键步骤。大学生需

要学会在必要时做出妥协，以达成双方都能接受的协议。同时，通过合作寻找共同的解决方案，可以进一步增强彼此之间的信任和合作关系。

（三）提升沟通与冲突解决能力的具体方法

一些大学会提供关于沟通与冲突解决的培训和讲座。参加这些活动可以帮助大学生系统地学习相关理论和技巧，并通过实践练习加以巩固。阅读沟通和解决冲突相关的书籍和文章，可以拓宽大学生的视野，提供更多的理论支持和实用建议。通过阅读，他们可以学到不同领域的沟通技巧和解决冲突的方法，并将其应用到实际生活中。

导师和同学是大学生在学术和社交环境中的重要资源。他们可以提供关于沟通和冲突解决的宝贵建议，并分享自己的经验和教训。通过与他们之间的交流和讨论，大学生可以更好地理解不同的观点，学会更有效地沟通和解决冲突。实践与反思是提升沟通与冲突解决能力的关键。大学生需要在日常生活中积极应用学到的沟通技巧和冲突解决方法，并不断反思自己的表现。通过实践，他们可以逐渐熟悉并掌握这些技巧，形成自己的沟通风格。

情绪管理在沟通与冲突解决中起着重要作用。大学生需要学会识别和管理自己的情绪，通过冥想、运动等方式，他们可以帮助自己保持冷静和专注，以便更有效地应对冲突和挑战。

三、调解与仲裁在大学生网络社交冲突中的应用

随着互联网的普及和社交媒体的兴起，网络社交已成为大学生日常生活中的重要组成部分。然而，网络社交的虚拟性、匿名性和即时性等特点，也使得大学生在网络空间中面临各种冲突和挑战。为了有效解决这些冲突，维护网络社交的和谐与秩序，调解与仲裁作为两种重要的冲突解决机制，被越来越多地应用于大学生网络社交冲突中。

（一）大学生网络社交冲突的特点与原因

大学生网络社交冲突具有一些独特的特点。首先，冲突往往发生在虚拟空间中，双方可能并不了解对方的真实身份和背景。其次，冲突的起因多种多样，可能涉及言论不当、侵犯隐私、网络欺凌等。最后，由于网络的传播速度极快，冲突可能迅速升级，造成更大的影响。

这些冲突的产生，既有网络社交本身特点的原因，也与大学生的心理和行为特点有关。例如，一些大学生可能因为缺乏社交技巧或情绪管理能力，而在网络社交中出现攻击性或冲动性行为。同时，网络社交的匿名性也可能使一些人觉得可以肆意发表言论，而不必承担后果。

（二）调解在大学生网络社交冲突中的应用

调解是一种通过第三方协助，促使冲突双方进行沟通和协商，以达成双方都能接受的解决方案的冲突解决方式。在大学生网络社交冲突中，调解具有独特的优势。

第一，调解注重双方的沟通和理解。通过调解员的引导，冲突双方可以更加深入地了解对方的立场和诉求，从而找到共同点和解决方案。这种沟通和理解有助于化解双方的误解和敌意，促进冲突的和平解决。第二，调解具有灵活性和保密性。调解过程可以根据双方的具体情况和需求进行灵活调整，以达到最佳的解决效果。同时，调解通常是在保密的环境下进行的，这可以保护双方的隐私和尊严，避免冲突进一步升级。在大学生网络社交冲突中，学校、学生组织或专业的调解机构都可以作为调解的第三方。他们可以提供专业的调解服务，帮助大学生有效解决网络社交冲突。

（三）仲裁在大学生网络社交冲突中的应用

仲裁是一种通过第三方对冲突进行公正裁决的冲突解决方式。与调解相比，仲裁更注重规则和程序的公正性。在大学生网络社交冲突中，仲裁也具有一定的应用价值。第一，仲裁可以提供一种公正、快速的冲突解决方式。当双方无法通过调解达成共识时，可以选择仲裁来解决冲突。仲裁机构会根据相关规则和程序，对冲突进行公正裁决，从而确保双方的权益得到保障。第二，仲裁结果具有强制执行力。一旦仲裁裁决作出，双方必须遵守并执行。这样可以避免冲突双方因为无法达成共识而反复纠缠，浪费时间和精力。

在大学生网络社交冲突中，学校或相关的仲裁机构可以作为仲裁的第三方。他们可以提供专业的仲裁服务，确保公平、公正地解决冲突。

（四）调解与仲裁的结合应用

在实际应用中，调解与仲裁并不是孤立的两种冲突解决方式，而是可以相互结合、相互补充的。大学生发生网络社交冲突，可以先尝试通过调解来解决冲突。如果调解无果，再选择仲裁进行裁决。这样可以充分发挥调解和仲裁的优势，提高解决冲突的效率。

为了更好地应用调解与仲裁机制解决大学生网络社交冲突，还需要加强相关制度的建设与完善。例如，学校可以制定更加明确的网络社交规范和冲突解决机制，为大学生提供具体、可行的指导和帮助。同时，也可以加强对大学生的法律教育和心理健康教育，增强他们的法律意识，减少网络社交冲突的发生。

四、培养大学生的情绪管理与同理心

情绪管理不仅关乎个人的心理健康，还影响人际交往、学业成就以及未来的职业发展。而同理心，则是理解他人情感、建立良好人际关系的关键。因此，培养大学生的情绪管理与同理心，是高等教育不可或缺的一部分。

（一）情绪管理的重要性

情绪管理是指个体对自身情绪的认知、表达、调控和利用的过程。对大学生，情绪管理的重要性体现在多个方面：良好的情绪管理能力有助于大学生保持积极的学习态度，提高学习效率，从而取得更好的学业成绩。情绪稳定的人更容易与他人建立和谐的人际关系，减少冲突和误解。有效的情绪管理可以预防心理问题的发生，如焦虑、抑郁等，维护个人的心理健康。在职场中，情绪管理是领导力、团队合作等关键能力的基础。

（二）同理心的价值

同理心是指个体能够理解、感受并回应他人情感的能力。在大学生的人际交往和未来职业生涯中，同理心具有不可替代的价值：通过同理心，大学生可以更好地理解他人的立场和感受，从而减少误解和冲突。表现出同理心的人更容易获得他人的信任和尊重，从而建立更紧密的人际关系。具备同理心的领导者能够更好地关注团队成员的需求和感受，激发团队的凝聚力和创造力。同理心是培养社会责任感的基础，它促使大学生关注社会问题，积极参与公益活动。

第五章 大学生网络安全与隐私保护意识培养策略

第一节 网络安全的基本概念与威胁分析

一、大学生网络安全的定义与重要性

随着互联网的普及和技术的飞速发展，网络已成为大学生学习、生活、社交不可或缺的一部分。然而，网络空间并非一片净土，各种网络安全问题层出不穷，给大学生的个人信息、财产安全乃至社会稳定带来了严重的威胁。因此，了解网络安全的定义，认识其重要性，对大学生而言至关重要。

（一）网络安全的定义

网络安全，通常指计算机网络的安全，有时也包括计算机通信网络的安全。它是指通过采取必要的技术和管理措施，保护网络系统的硬件、软件及其系统中的数据免受非法访问、攻击、破坏或泄露，确保网络系统的连续、可靠、正常运行，以及网络服务的不中断。具体而言，网络安全包含以下几个方面：

物理安全：保护网络设备免受物理损坏、盗窃等威胁。

系统安全：确保操作系统的稳定性和安全性，防止恶意软件、病毒等入侵。

数据安全：保护存储在网络中的数据不被非法访问、篡改或泄露。

应用安全：保障网络应用程序的安全，防止利用漏洞攻击应用程序。

管理安全：通过完善的安全管理制度和规范，确保网络安全措施的有效实施。

网络安全尤为关键。大学生作为互联网的主要用户群体之一，其网络行为频繁且多样，面临的网络安全风险也相对较高。因此，增强大学生的网络安全意识，使其掌握必要的网络安全技能，对保障其个人信息安全、维护网络秩序具有重要意义。

（二）大学生网络安全的重要性

个人信息是大学生在网络空间中的重要资产，包括姓名、身份证号、电话号码、电子邮箱、银行账户等敏感信息。一旦这些信息被非法获取，可能会导致身份盗窃、金融欺诈等严重后果。因此，加强网络安全防护，防止个人信息泄露，是大学生维护自身权益的必然要求。网络空间并非法外之地，网络安全与社会稳定息息相关。网络谣言、网络欺诈、网络攻击等行为不仅扰乱网络秩序，还可能引发社会恐慌和不稳定因素。大学生作为社会的未来和希望，其网络行为对网络空间的安全与稳定具有重要影响。因此，增强大学生的网络安全意识，促进其文明上网、理性表达，对维护社会稳定具有重要意义。

网络为大学生提供了丰富的学习资源和便捷的学习方式。然而，网络安全问题也可能影响大学生的学习进程。例如，网络病毒可能破坏学习资料，网络诈骗可能骗取学费或生活费。因此，加强网络安全防护，确保学习资源的安全性和可靠性，对促进大学生的学业进步具有积极作用。

随着网络支付的普及，大学生的网络消费行为日益增多。然而，网络支付也伴随着一定的安全风险。钓鱼网站、恶意软件等可能会窃取用户的支付信息，导致财产损失。因此，增强大学生的网络安全意识，使其掌握正确的网络支付方法，对保障其财产安全具有重要意义。

网络安全法律法规是维护网络空间秩序的重要基石。了解并遵守网络安全法律法规，不仅有助于大学生保护自身权益，还能促进其法律素养的提高。

（三）提高大学生网络安全意识及途径

高校应将网络安全教育纳入课程体系，通过开设网络安全课程、举办网络安全讲座等形式，向大学生普及网络安全知识，增强其网络安全意识。同时，还可以通过案例分析、模拟演练等方式，让大学生了解网络攻击的手段和危害，掌握防范和应对网络攻击的方法。高校应建立健全网络安全管理制度，明确网络安全责任分工，加强网络安全监管和应急处置。同时，还应加强对校园网络环境的巡查和监控，及时发现并处理网络安全隐患。

高校应积极推广网络安全技术，如加密技术、防火墙技术、入侵检测技术等，为校园网络提供坚实的技术保障。同时，还应鼓励大学生学习掌握这些技术，提高其自我保护能力。高校应营造良好的网络文化氛围，倡导文明上网、理性表达的网络行为准则，可以通过举办网络文化活动、表彰优秀网络作品等形式，激发大学生对网络文化的热爱和创造力，促使其形成正确的网络价值观。

二、大学生常见的网络安全威胁类型

了解并识别这些网络安全威胁对大学生而言至关重要。

（一）个人信息泄露

个人信息泄露是大学生面临的最为常见的网络安全威胁之一。在网络空间中，大学生的个人信息，如姓名、身份证号、电话号码、电子邮箱、银行账户等敏感信息都有可能成为不法分子的目标。这些信息一旦泄露，可能会导致身份盗窃、金融欺诈等严重后果。

防范措施：增强个人信息保护意识，不随意在公开场合透露个人信息。使用复杂且独特的密码，定期更换密码，避免使用同一密码登录多个账号。谨慎处理电子邮件和社交媒体上的信息，不轻易点击未知链接或下载未知附件。

（二）网络诈骗

网络诈骗是另一种常见的网络安全威胁。不法分子通过网络发布虚假信息，诱骗大学生进行转账、购物或提供个人信息。常见的网络诈骗手段包括假冒官方网站、虚假中奖信息、冒充亲友求助等。

防范措施：提高警惕，对网络信息保持审慎态度。验证信息来源，不轻易相信未知来源的信息。在进行网络交易时，选择信誉良好的商家和平台。

（三）恶意软件与病毒

恶意软件和病毒是网络安全领域中的一大威胁。它们可能通过电子邮件、社交媒体、下载链接等途径传播，一旦感染，可能导致系统崩溃、数据丢失或个人信息泄露。

防范措施：安装并定期更新杀毒软件，保持系统安全。不随意下载和安装未知来源的软件或应用。对可疑邮件和链接保持警惕，不轻易点击或打开。

（四）网络钓鱼

网络钓鱼是一种通过伪装成合法网站或邮件来诱骗用户透露个人信息的手段。不法分子通常会发送看似来自银行、社交媒体或政府机构的邮件，要求用户点击链接并提供个人信息。

防范措施：学会识别钓鱼邮件和网站的特征，如错误的拼写、不寻常的请求等。不轻易点击邮件中的链接或提供个人信息。在提供个人信息之前，先验证网站的合法性和安全性。

（五）社交工程攻击

社交工程攻击是一种利用人类心理和社会行为学原理来诱骗用户泄露信息的手段。攻击者可能会通过伪装成信任的人或机构，利用用户的信任感来获取敏感信息。

防范措施：对来自未知或可疑来源的信息保持警惕。在提供个人信息之前，先与对方进行验证和确认。学会应对社交工程攻击的技巧和方法。

（六）网络欺凌与骚扰

网络欺凌与骚扰是大学生在网络空间中面临的另一种威胁。不法分子可能通过网络平台对大学生进行辱骂、诽谤、威胁或骚扰，对其身心健康造成严重影响。

防范措施：学会保护自己的隐私，不随意透露个人信息和行踪。在遇到网络欺凌和骚扰时，及时寻求帮助和支持。学会应对网络欺凌和骚扰的技巧和方法，如举报、屏蔽等。

三、大学生网络安全态势感知与风险评估

在数字化时代，大学生具备网络安全态势感知能力和进行风险评估显得尤为重要。

（一）网络安全态势感知的重要性

网络安全态势感知是指对网络环境中存在的安全威胁、漏洞、攻击行为等进行实时监测、分析和响应的能力。对大学生来说，具备这种能力意味着能够及时发现并应对网络中的潜在风险，保护自己的个人信息和财产安全。

通过网络安全态势感知，大学生可以及时发现并防范个人信息泄露的风险，如恶意软件、钓鱼网站等。网络诈骗、恶意支付链接等威胁层出不穷，网络安全态势感知有助于大学生识别并避免这些陷阱。网络攻

击可能会导致学习资料丢失或损坏，网络安全态势感知有助于大学生及时采取措施保护学习资源。网络欺凌、骚扰等行为会对大学生身心健康造成威胁，网络安全态势感知有助于及时发现并应对这些负面信息。

（二）大学生网络安全风险评估

网络安全风险评估是对网络环境中存在的威胁、脆弱性及其可能造成的后果进行量化分析和评价的过程。对大学生来说，进行网络安全风险评估有助于他们更全面地了解自身面临的安全威胁，并采取相应的防范措施。

网络安全风险评估能够识别网络中可能存在的各种威胁，如恶意软件、黑客攻击、网络诈骗等。这些威胁可能通过电子邮件、社交媒体、下载链接等途径传播。网络安全风险评估能够分析网络环境和系统中存在的脆弱点，如密码强度不足、系统未及时更新、使用未经验证的软件等，这些脆弱点可能会成为攻击者利用的入口。

评估其威胁和脆弱性可能会造成严重后果，如个人信息泄露、财产损失、学业受影响等。通过后果评估，大学生可以更清晰地认识到网络安全问题的重要性。对威胁、脆弱性和后果进行量化分析，得出具体的风险值，这有助于大学生优先处理高风险项，制定更有效的防范措施。

（三）提升网络安全态势感知与风险评估能力的策略

高校可以开设网络安全课程、举办网络安全讲座等形式，也可以组织大学生参与网络安全实践活动，如网络安全竞赛、模拟攻击与防御演练等。通过实践活动，大学生可以亲身体验网络安全威胁，提升应对能力。

高校向大学生推广常用的网络安全工具，如杀毒软件、防火墙、密码管理器等。这些工具可以帮助大学生实时监测网络环境中的威胁，并及时采取措施进行防范。鼓励大学生建立网络安全社群，分享网络安全经验、技巧和最新威胁情报。通过社群交流，大学生可以互相学习、互相帮助,共同提升网络安全态势感知与风险评估能力。

大学生可以定期对自己的网络环境和系统进行安全风险评估,及时发现并修复存在的脆弱点,也可以寻求专业网络安全服务机构的帮助,进行更全面的安全检查和评估。

第二节 网络安全防护技术与工具应用

一、网络安全密码管理与多因素认证技术

数字化时代,网络安全已成为个人、企业和国家不可忽视的重要议题。随着网络技术的不断发展和普及,网络攻击和数据泄露事件频发,给人们的隐私和财产安全带来了严重威胁。密码管理与多因素认证技术作为网络安全的重要组成部分,发挥着至关重要的作用。

(一)密码管理的重要性与挑战

密码作为保护个人信息和系统安全的第一道防线,其重要性不言而喻。然而,密码管理却面临着诸多挑战。一方面,用户需要记忆多个复杂的密码以保护不同的账户和系统,这给用户带来了极大的不便。另一方面,弱密码、密码泄露和密码重用等问题也给网络安全带来了严重隐患。

为了应对这些挑战,密码管理需要遵循一些基本原则。首先,密码应该足够复杂,包含大小写字母、数字和特殊字符的组合,以增加破解的难度。其次,密码应该定期更换,避免长期使用同一密码。最后,用户还应该避免在不同账户和系统之间重用密码,以防止一旦某个密码被泄露,其他账户和系统也面临被攻击的风险。

然而,即使遵循了这些原则,密码管理仍然面临着一些难题。例如,用户可能会因为忘记密码而无法登录自己的账户,或者因为密码过于复

杂而难以记忆。此外，随着密码数量的增加，用户也面临着密码管理上的困难。因此，需要采用更加先进和便捷的密码管理技术来解决这些问题。

（二）多因素认证技术的概述与应用

多因素认证技术是一种更加先进的身份验证方法，它通过结合多种不同的认证因素来提高身份验证的准确性和安全性。这些因素可以包括用户知道的信息（如密码）、用户拥有的物品（如手机、智能卡等），以及用户的生物特征（如指纹、面部识别等）。

多因素认证技术的应用范围非常广泛。在金融领域，银行可以采用多因素认证技术来保护客户的账户安全，防止未经授权的访问和交易。在企业，多因素认证技术可以用于保护敏感数据和系统，确保只有被授权的员工才能访问。此外，在云计算和物联网等新兴领域，多因素认证技术也发挥着重要的作用，为这些新兴技术提供强大的安全保障。

（三）密码管理与多因素认证技术的结合

为了进一步提升网络安全水平，密码管理与多因素认证技术可以相互结合，形成更加完善的身份验证体系。用户要设置强密码，并定期更换。同时，可以采用密码管理工具来帮助用户记忆和管理密码。在密码验证的基础上，增加其他认证因素，如手机验证码、指纹识别等。这样可以大大提高身份验证的准确性和安全性。对于一些特定的应用场景，可以考虑采用无密码身份验证技术，如基于生物特征的身份验证等。这种技术可以减少密码带来的不便和安全隐患。

（四）实施策略与最佳实践

向用户普及密码管理和多因素认证技术的重要性，并提供相关的培训和支持，这样可以帮助用户更好地理解和应用这些技术。定期评估密码管理和多因素认证技术的实施效果，并根据实际情况进行更新和优化，这样可以确保这些技术始终能够适应不断变化的网络安全威胁。

采用标准化的密码管理和多因素认证技术，能够确保不同系统之间的兼容性和互操作性。这样可以降低成本，并提升整体的安全水平。实施有效的监控机制，及时发现并解除潜在的网络安全威胁。同时，安排应急响应计划，以便在发生安全事件时能够迅速采取行动。

二、防火墙与杀毒软件的基本原理与应用

在数字化时代，网络安全已成为维护个人、企业及国家信息安全的重要基础。防火墙与杀毒软件作为网络安全的两大基石，各自承担着不同的职责，共同构筑起一道坚固的安全防线。

（一）防火墙的基本原理与应用

1. 防火墙的基本原理

防火墙是一种位于内部网络和外部网络之间的网络安全系统，它通过设定一系列安全规则，对进出内部网络的数据包进行检查和过滤，从而实现对网络流量的控制和管理。防火墙的核心原理包括包过滤、状态检测和应用层代理等关键技术。

包过滤：基于IP层的数据包过滤，通过检查数据包的源IP地址、目的IP地址、端口号等信息，决定是否允许该数据包通过。包过滤防火墙具有处理速度快、资源消耗低等优点，但无法识别应用层协议和数据内容，安全性相对较低。

状态检测：在包过滤的基础上增加了对会话状态的跟踪和检测，能够识别并建立网络连接的状态表，只允许与现有连接相关的数据包通过。状态检测防火墙提高了安全性和灵活性，但处理速度略逊于包过滤防火墙。

应用层代理：在应用层实现防火墙功能，通过代理服务器代表内部

网络与外部网络进行通信。代理服务器能够深入检查应用层协议和数据内容，提高安全性。但代理服务器会增加网络延迟和负载，且配置复杂。

2. 防火墙的应用场景

防火墙广泛应用于各种网络环境中，包括企业网络、金融机构、政府机构等。在企业网络中，防火墙通常部署在内外网边界处，保护内部网络资源免受外部攻击和非法访问。在金融机构中，防火墙不仅要保护客户数据的安全，还要确保金融交易的真实性和完整性。在政府机构中，防火墙则承担着保护国家机密和敏感信息的重要使命。

（二）杀毒软件的基本原理与应用

1. 杀毒软件的基本原理

杀毒软件是一种用于检测和清除计算机病毒、恶意软件、特洛伊木马等威胁的软件工具。其基本原理包括病毒特征码扫描、启发式扫描和行为分析等技术。

病毒特征码扫描：通过对比病毒库中的特征码与待扫描文件的内容，判断是否感染病毒。这是杀毒软件最基本也是最常用的检测方法。

启发式扫描：利用病毒的行为特征和编写模式来识别未知病毒。启发式扫描能够发现一些新出现的病毒变种，但误报率较高。

行为分析：监控程序运行时的行为特征，如修改注册表、创建自启动项等，以判断其是否为恶意软件。行为分析技术能够发现一些隐蔽性较强的病毒和恶意软件。

2. 杀毒软件的应用场景

杀毒软件几乎是每台计算机的必备软件之一。在个人电脑中，杀毒软件能够保护用户的个人隐私和数据安全，防止恶意软件的入侵和破坏。在企业网络中，杀毒软件则扮演着更加重要的角色。它不仅能够保护客户端计算机的安全，还能与防火墙等安全设备协同工作，构建全方位的安全防护体系。此外，杀毒软件还广泛应用于服务器、移动设备等多种终端设备上。

（三）防火墙与杀毒软件的协同工作

防火墙与杀毒软件虽然各自承担着不同的职责，但它们之间存在着紧密的协同关系。防火墙主要负责网络层面的安全防护，通过控制网络流量来阻止潜在的威胁进入内部网络。而杀毒软件则专注于终端层面的安全防护，通过检测和清除恶意软件来保护计算机系统的安全。两者相互配合，共同构筑起一道坚固的安全防线。

在实际应用中，防火墙和杀毒软件可以通过日志共享、策略联动等方式实现更紧密的协同工作。例如，当防火墙检测到可疑的网络流量时，可以自动触发杀毒软件的深度扫描功能；当杀毒软件发现计算机感染病毒时，可以通知防火墙加强相关端口的防护功能。这种协同工作方式能够显著提升网络安全的整体防护水平。

第三节　网络隐私保护的原则与策略

一、个人隐私权在网络空间中的体现

（一）个人隐私权的定义

个人隐私权是指个人享有的、关于其个人信息、私人生活和私人领域不受他人非法侵扰、知悉、搜集、利用和公开的一项人格权。它是公民的基本权利之一，受法律的保护。在现实生活中，个人隐私权体现在多个方面，如住宅不受非法侵入、个人信息不被非法收集和利用等。

（二）网络空间中个人隐私权的体现

网络空间中的个人信息包括姓名、年龄、性别、职业、联系方式等，这些信息是用户在网络上进行交流、购物、娱乐等活动的基础。保护个人信息不被非法收集、利用和公开，是个人隐私权在网络空间中的重要体现。

用户在网络上的行为，如浏览记录、搜索记录、购物记录等，也属于个人隐私的范畴。这些行为信息反映了用户的兴趣、偏好和习惯，应当受到保护，不被他人非法知悉和利用。网络通信是网络空间中的主要交流方式。防止通信内容被非法截取、篡改和公开，是个人隐私权在网络通信中的重要体现。

（三）网络空间中个人隐私权面临的挑战

个人隐私权在网络空间中面临着以下诸多挑战：

技术挑战：随着大数据、云计算等技术的发展，个人信息的搜集、存储和利用变得更加容易。然而，这也为个人隐私权带来了威胁。一些不法分子利用技术手段非法收集、利用和公开个人信息，严重侵犯了用户的隐私权。

法律挑战：网络空间的法律法规尚不完善，对个人隐私权的保护存在漏洞。一些国家和地区在网络隐私保护方面的法律法规滞后于技术的发展，导致个人隐私权受到侵害时难以得到有效的法律援助。

商业挑战：一些商家为了追求商业利益，过度搜集、利用用户的个人信息，甚至将用户信息出售给第三方。这种行为不仅侵犯了用户的隐私权，还可能导致用户面临垃圾邮件、诈骗电话等骚扰。

（四）保护网络空间中个人隐私权的措施

为了保护网络空间中的个人隐私权，可以采取以下措施：

加强法律法规建设：完善网络隐私保护方面的法律法规，明确个人信息的收集、存储、利用和公开的标准和程序。加大对侵犯个人隐私权行为的打击力度，增加违法成本。

提升技术防护能力：加强网络安全技术的研发和应用，提高个人信息的保护水平。采用加密技术、访问控制技术等手段，确保个人信息的机密性、完整性和可用性。

增强用户自我保护意识：引导用户增强自我保护意识，谨慎处理个人信息。提醒用户在使用网络服务时注意隐私设置，避免在不安全的网络环境中输入敏感信息。

推动行业自律：鼓励互联网行业组织制定行业自律规范，引导企业合法、合规地收集、利用用户个人信息。建立行业监管机制，对违反自律规范的企业进行处罚和曝光。

二、数据最小化与匿名化处理的重要性

数据最小化与匿名化处理是保护个人隐私的重要手段。限制数据收集的范围和脱敏处理个人信息，从源头上减少个人隐私泄露的风险，这样有助于建立个人对数据处理活动的信任，促进数据的合法、合规使用。

数据最小化与匿名化处理有助于提升数据的安全性。减少不必要的数据收集和处理，可以降低数据泄露和滥用的风险。同时，对个人信息进行脱敏处理，可以确保即使数据被泄露，也无法直接关联到特定个人，从而减轻泄露事件对个人隐私的影响。

规范数据清洗、去标识化、匿名化处理有助于推动数据要素强化优质供给，建立合规高效的数据流通和交易制度，这样有助于打破数据孤岛，促进数据资源的共享和利用，推动数字经济的发展。

三、应对网络跟踪与监视的策略

随着网络技术的飞速发展，网络跟踪与监视问题也日益凸显，严重威胁到个人隐私和信息安全。为有效应对这一问题，我们需要从多个层面出发，制定并实施一系列策略。

（一）技术层面的策略

加密技术是保护个人隐私和信息安全的重要手段。使用 SSL/TLS 等加密协议，可以确保网络通信过程中的数据传输安全，防止数据被窃取或篡改。此外，还可以采用端到端加密技术，确保只有通信双方能够解密和查看传输的内容，从而有效抵御中间人的攻击和网络监视。

市面上有许多隐私保护工具，如虚拟私人网络（VPN）、代理服务器、Tor 浏览器等，它们可以帮助用户隐藏真实的 IP 地址和地理位置，防止网络跟踪和监视。同时，这些工具还可以提供匿名浏览和加密通信的功能，进一步加强保护用户的隐私。软件和操作系统中的漏洞往往会成为黑客和网络监视者攻击的目标。因此，定期更新软件和操作系统，及时修补漏洞，是保护个人隐私和信息安全的重要措施。同时，还可以设置自动更新功能，确保软件和操作系统始终保持最新状态。强密码和多因素身份验证可以有效防止未经授权的访问和数据泄露。建议用户设置复杂且独特的密码，并定期更换。同时，启用多因素身份验证功能，如指纹识别、面部识别或手机验证码等，这样可以进一步提高账户的安全性。

（二）法律与政策层面的策略

政府应加强对网络跟踪与监视行为的法律监管，制定和完善相关法律法规，明确界定网络跟踪与监视行为的性质和法律责任。同时，加大对违法行为的惩处力度，增加违法成本，形成有效的法律威慑力。

网络跟踪与监视问题具有跨国性，需要国际社会共同应对。政府应积极推动国际合作，与其他国家共同制定国际标准和规范，共同打击跨国网络犯罪和网络监视行为。同时，加强国际信息共享和协作，提升全球网络安全水平。政府和社会各界应共同努力，提高公众对网络跟踪与监视问题的认识和警惕性，可以通过宣传教育、举办讲座、发布公益广告等方式，普及网络安全知识，引导公众养成良好的网络安全习惯。同时，鼓励公众积极举报网络跟踪与监视行为，形成社会共治的良好氛围。

（三）大学生层面的策略

大学生应谨慎处理自己的个人信息，避免在公共场所或不安全的网络环境中透露敏感信息。同时，定期审查和清理社交媒体账户、电子邮件等在线服务中的个人信息，确保个人信息的准确性和安全性。大学生应增强网络安全意识，学会识别和防范网络钓鱼、恶意软件等网络攻击手段。在浏览网页、下载文件或点击链接时，保持警惕，避免访问不安全的网站或下载来源不明的文件。

大学生应保护自己的设备安全，如电脑、手机等，定期更新设备的安全设置和补丁，安装可靠的安全软件，如防火墙、杀毒软件等。同时，避免使用公共电脑或设备处理敏感信息。大学生应培养良好的网络行为习惯，如定期更换密码、不随意点击未知链接、不随意下载未知文件等。这些良好的习惯可以有效降低被网络跟踪与监视的风险。

（四）社会层面的策略

互联网行业应加强自律，制定并执行严格的隐私保护政策。企业应尊重用户的隐私权，明确告知用户数据收集、使用和共享的目的和范围，并征得用户的明确同意。同时，企业应加强对员工的数据安全培训，确保员工遵守隐私保护政策。

社会各界应积极参与网络跟踪与监视问题的监督。媒体可以发挥舆论监督作用，曝光违法违规行为。消费者组织可以代表用户利益，向政府和企业提出改进建议。同时，鼓励公众积极参与网络安全志愿者活动，共同维护网络安全。政府和企业应建立便捷、有效的举报和投诉机制，鼓励公众积极举报网络跟踪与监视行为。对于收到的举报和投诉，应及时处理并公布处理结果。同时，保护举报人的隐私和权益，避免其因举报行为而受到不公正待遇。

四、增强个人网络隐私保护意识的途径

在数字化时代，网络已成为人们日常生活不可或缺的一部分。然而，随着网络技术的快速发展，网络隐私泄露的风险也在不断增加。在这种情况下，增强网络隐私保护意识显得尤为重要。

（一）加强网络隐私保护

大学生要明确网络隐私的具体含义，包括个人信息、网络行为数据、通信内容等在网络环境中的保密性、完整性和可用性。了解这些基本概念有助于大学生认识到保护网络隐私的重要性。大学生应了解网络隐私泄露的常见途径，如恶意软件、钓鱼网站、公共 Wi-Fi 陷阱、社交工程等。大学生应学习并掌握一些基本的网络隐私保护技能，如使用强密码、定期更换密码、启用双重认证、识别并避免点击可疑链接等。在日常生活中，这些技能可以有效防止个人信息被泄露。

（二）增强网络隐私保护的意识

大学生应充分认识到保护网络隐私的重要性，意识到个人信息泄露可能带来的严重后果，如身份盗窃、金融诈骗、声誉损害等。只有认识到这些潜在风险，大学生才会更加积极地采取保护措施。

大学生应培养健康的网络行为习惯，如在社交媒体上谨慎分享个人信息、不随意点击未知链接、不下载来源不明的文件等。这些习惯可以在很大程度上降低个人信息泄露的风险。大学生应定期审查和清理自己在网络上的个人信息，包括社交媒体账户、电子邮件、在线购物账户等。通过删除不必要的个人信息和关闭不再使用的账户，大学生可以降低被黑客攻击和信息泄露的风险。

（三）利用技术工具保护网络隐私

大学生可以使用加密通信工具来保护通信内容的隐私，如 Signal、

Telegram 等加密聊天应用。这些工具可以确保通信内容在传输过程中不被窃听或篡改。

大学生可以选择使用注重隐私保护的浏览器，如 Tor Browser，以及安装隐私保护插件，如 HTTPS Everywhere 和 Privacy Badger 等。这些工具和插件可以加强隐私保护。大学生可以使用 VPN 来隐藏自己的真实 IP 地址和地理位置，从而加强在网络上的匿名性和隐私保护。VPN 可以在公共 Wi-Fi 网络等不安全环境中提供额外的安全保护。

（四）参与网络隐私保护的活动

大学生可以加入网络隐私保护的社区或论坛，与其他关注隐私保护的人交流经验和心得。这样一来，大学生可以不断学习和更新自己的隐私保护知识。

大学生可以参加网络隐私保护的培训和讲座，了解最新的隐私保护技术和策略。这些活动和讲座通常由专业的网络安全专家或组织举办，可以为大学生提供宝贵的实践经验和建议。大学生应关注网络隐私保护的立法动态，了解国家和地区在网络隐私保护方面的法律法规。通过了解这些法律法规，大学生可以更好地维护自己的合法权益，并在必要时寻求法律帮助。

（五）培养良好的网络素养和责任感

大学生应不断提升自己的网络素养，包括网络安全知识、网络伦理道德、网络法律法规等方面，以更好地应对网络环境中的各种挑战和威胁。

大学生应意识到自己在保护网络隐私方面的责任，不仅要保护自己的隐私，还要尊重他人的隐私。在网络环境中，大学生应遵守网络伦理道德，不传播他人的私人信息，不参与网络欺凌等行为。大学生可以积极参与网络环境的改善工作，如举报网络隐私泄露行为、参与网络安全志愿者活动等。

第四节 大学生网络安全意识的培养

一、将网络安全教育纳入高校课程体系

随着信息技术的飞速发展，网络已成为现代社会不可或缺的一部分。然而，网络空间的开放性和匿名性也为黑客、病毒、网络诈骗等网络安全威胁提供了温床。面对这一严峻挑战，高校作为人才培养的摇篮，有责任将网络安全教育纳入高校课程体系，以培养具备网络安全意识和技能的人才，为国家的网络安全保驾护航。

（一）将网络安全教育纳入高校课程体系的重要性

当前，网络安全威胁日益严重，包括网络攻击、数据泄露、身份盗窃等。这些威胁不仅影响个人隐私和财产安全，还可能对国家安全和社会稳定造成重大冲击。因此，高校有责任培养具备网络安全意识和防范能力的人才，以应对这些挑战。

在数字化时代，网络安全已成为各行各业不可或缺的一部分。无论是政府机构、企事业单位，还是个人用户，都需要专业的网络安全人才来保障信息安全。将网络安全教育纳入高校课程体系，可以帮助学生掌握相关技能，提升他们在就业市场上的竞争力。网络安全涉及计算机科学、通信工程、法律等多个学科领域，将网络安全教育纳入高校课程体系，可以促进不同学科之间的交叉融合，推动跨学科研究和发展，为培养复合型人才提供有力支持。

（二）网络安全教育实施策略

高校应构建一套完善的网络安全课程体系，包括基础课程、专业课程和实践课程。基础课程可以涵盖网络安全的基本概念、原理和方法；

专业课程可以深入探讨网络攻击与防御、加密与解密、网络监控与管理等高级内容；实践课程则可以通过模拟攻击与防御、案例分析等方式，提高学生的实际操作能力。

高校应重视网络安全教育师资队伍建设，引进和培养一批具备丰富实践经验和教学能力的网络安全教师。同时，还可以邀请业界专家、学者举办讲座或授课，为学生提供最新的网络安全知识和实践经验。在网络安全教育中，高校应创新教学方法与手段，以提高学生的学习兴趣。例如，可以采用案例分析、模拟攻击与防御、团队合作等方式进行教学，利用虚拟现实、人工智能等先进技术，打造沉浸式的网络安全学习环境。高校应加强与企业的合作，共同建设网络安全实验室或实训基地，为学生提供更多的实践机会。同时，还可以鼓励学生参与企业的网络安全项目或竞赛，提高他们的实际操作能力和团队协作能力。

（三）网络安全教育纳入高校课程体系的前景展望

随着网络安全教育的普及和深入，高校将培养出更多具备网络安全意识和技能的专业人才。这些人才将在政府机构、企事业单位等各个领域发挥重要作用，为国家的网络安全提供有力保障。

网络安全教育纳入高校课程体系，能够促进不同学科之间的交叉融合与创新发展。例如，计算机科学、通信工程、法律等学科将更加紧密地结合在一起，共同推动网络安全领域的研究与发展。

随着高校网络安全教育的不断推广和深入，社会整体的网络安全水平将得到显著提升。公众将更加了解网络安全知识，企业和机构将更加重视网络安全防护，从而共同构建一个更加安全、更加可信的网络环境。

二、校园网络安全文化建设与推广

（一）校园网络安全文化建设与推广的策略

高校应制定一套全面的网络安全政策，明确网络使用的规范，规定网络安全的标准和措施。这些政策应涵盖密码管理、数据保护、网络行为等方面，以确保师生在网络活动中的行为符合安全要求。

高校可以开设相关的必修或选修课程，课程内容包括网络安全基础知识、网络攻击与防御技术、网络安全法律法规等，旨在提高师生的网络安全技能，还可以定期举办网络安全宣传活动，如网络安全讲座、研讨会、知识竞赛等，以吸引师生的参与。通过这些活动，高校可以传播网络安全知识，增强师生的防范意识，并促进他们之间的交流与分享。建立健全的网络安全应急响应机制，包括制订应急预案、组建应急响应团队、进行定期的网络安全演练等。这样可以在网络安全事件发生时迅速做出反应，减少损失。充分利用高校的新媒体平台，如官方网站、社交媒体账号等，发布网络安全相关的文章、视频、海报等内容，以吸引更多师生的关注。同时，可以与学生社团合作，共同推广网络安全文化。

（二）校园网络安全文化建设与推广面临的挑战

部分师生对网络安全的重要性认识不足，缺乏基本的网络安全知识和技能。这可能会导致他们在网络活动中存在安全隐患，容易成为网络攻击的目标。

一些高校在网络安全教育方面的资源有限，缺乏专业的师资力量和教材。这可能会导致网络安全教育的质量不高，难以满足师生的需求。随着网络威胁的不断增加，高校校园网络安全事件也频发。这些事件可能对师生的个人信息和学校的声誉造成损害，给网络安全文化的建设与推广带来挑战。网络安全技术更新迅速，新的攻击手段和防御方法不断涌现，高校要不断关注最新的网络安全技术动态，及时更新教育内容，以保持与时俱进。

（三）高校校园网络安全文化建设与推广的前景

持续的网络安全文化建设与推广可以逐步提高师生的网络安全素养。通过网络安全文化建设与推广，他们将更加了解网络安全的重要性，掌握基本的网络安全知识和技能，能够在网络活动中有效地保护自己和他人。

持续的网络安全文化建设与推广有助于保障校园网络的稳定运行和师生的个人信息安全。网络安全涉及多个学科领域，如计算机科学、通信工程、法律等。网络安全文化的建设与推广可以促进这些学科之间的交叉融合与创新发展，为培养复合型人才提供有力支持。一个拥有良好网络安全文化的大学更容易吸引优秀的学生和教师，提升其在社会上的声誉和竞争力，也有助于高校在与其他机构或企业的合作中展现其网络安全方面的优势。

三、大学生网络安全实践活动与竞赛的组织

（一）组织策略

在组织网络安全实践活动与竞赛之前，需要明确活动的目标与定位。目标可以包括提高大学生的网络安全意识、培养网络安全技能、促进学科交叉融合等；定位则要根据学校的实际情况和师生的需求来确定，确保活动具有针对性和实效性。

为了吸引更多大学生参与，网络安全实践活动与竞赛需要设计丰富多样的活动内容，可以包括网络安全知识讲座、技能培训、实战演练、案例分析等。同时，还可以结合当下的热点问题和最新技术，如人工智能、大数据等，使活动内容更加贴近实际。与企业合作可以为大学生提供更

多的实践机会和资源支持，可以邀请企业专家来校举办讲座或指导，还可以与企业共同举办网络安全竞赛，为大学生提供一个展示才华的平台。高校可以通过校园媒体、社交媒体等多种渠道对网络安全实践活动与竞赛进行宣传与推广，提高活动的知名度和影响力。同时，还可以设置奖励机制，如颁发证书、奖金等，以吸引更多大学生参与。

（二）实施步骤

在策划与准备阶段，高校需要确定活动的主题、时间、地点、参与对象等基本信息。同时，制定详细的活动方案，包括活动流程、人员分工、物资准备等。此外，高校还需要与企业、专家等进行沟通与合作，确保活动顺利进行。

在宣传与动员阶段，高校需要通过各种渠道，如校园广播、海报、社交媒体等，对活动进行宣传，提高大学生的参与度。同时，还可以组织动员大会，邀请校领导、企业代表等发表讲话，鼓励大学生积极参与。在实施与执行阶段，可以邀请专家举办讲座或培训，组织大学生进行实战演练或案例分析等。同时，要对活动进行现场管理和监督，确保活动的顺利进行。在活动结束后，要进行总结与反馈，可以对活动的成果进行展示和分享，还可以邀请参与的大学生和企业代表进行经验交流和分享。同时，高校还需要对活动进行评估和反思，总结经验教训，为今后的活动提供参考。

（三）影响与意义

通过参与网络安全实践活动与竞赛，大学生可以更加深入地了解网络安全的重要性和威胁的多样性。同时，他们还可以掌握一些基本的网络安全技能和防范方法，提高自己的网络安全素养。

网络安全涉及多个学科领域，如计算机科学、通信工程、法律等。组织网络安全实践活动与竞赛可以促进这些学科之间的交叉融合与创新发展。大学生可以在实践中对所学知识进行综合运用，培养自己的创新思维和实践能力。成功组织网络安全实践活动与竞赛不仅可以提高学校的知名度，还可以展示学校在网络安全教育方面的实力和成果。

四、建立大学生网络安全意识持续提升机制

（一）建立大学生网络安全意识持续提升机制的策略

高校应制订一套全面的网络安全教育计划，明确教育的目标、内容、方法和时间表。该计划应涵盖网络安全的基本概念、常见的网络威胁、防范措施以及应对策略等方面，以确保大学生能够系统地学习和掌握网络安全知识。

高校将网络安全教育纳入课程体系，将其作为必修或选修课程，以确保每位大学生都能接受到网络安全教育。课程内容可以包括网络安全法律法规、网络安全技术、网络安全案例分析等，旨在提高大学生的网络安全技能。高校可以定期举办网络安全培训和演练活动，如网络安全知识讲座、实战演练、模拟攻击与防御等。通过这些活动，大学生可以更加深入地了解网络安全的重要性，掌握实用的网络安全技能，并在实战中提升自己的应对能力。建立网络安全信息反馈机制，鼓励大学生积极报告网络安全事件和隐患。学校可以对网络安全事件进行及时响应和处理，并将处理结果反馈给报告者，以增强大学生的参与感和责任感。同时，学校还可以根据反馈的信息不断完善网络安全教育计划和措施，充分利用高校的新媒体平台，如官方网站、社交媒体账号等，发布与网络安全相关的文章、视频、海报等内容，通过这些内容吸引大学生的关注，提高他们对网络安全的认识和兴趣。

（二）实践中的挑战与应对

由于大学生的网络安全意识和技能水平参差不齐，因此在实践中，

高校需要采取不同的教育策略。对于网络安全意识较弱的学生，可以通过基础性的教育和培训来提高他们的认识；对于已经具备一定网络安全技能的学生，则可以为他们提供更加深入和专业的培训。

为了应对这一挑战，高校可以积极寻求外部资源的支持，如与企业合作、邀请行业专家举办讲座等。同时，还可以开发适合本校的网络安全教育教材和资源库。网络安全事件具有突发性和难以预测性，这对大学生的网络安全意识提出了更高的要求。为了应对这一挑战，高校要建立快速响应机制，对网络安全事件进行及时响应和处理。同时，还需要加强网络安全监测和预警能力，及时发现和防范潜在的网络安全威胁。

第六章 大学生网络文化与跨文化交流能力培养策略

第一节 网络文化多样性与跨文化交流

一、大学生网络文化的定义与特点分析

随着网络技术的飞速发展，大学生网络文化作为一种新兴的文化现象，逐渐在校园里形成并发展壮大。

（一）大学生网络文化的定义

大学生网络文化，是指在大学校园这一特定环境下，以大学生为主体，依托互联网技术和网络平台，形成的一种具有鲜明时代特征和青春活力的文化形态。这种文化形态涵盖了大学生在网络空间中的行为方式、价值观念、审美情趣、交流习惯等多个方面，是大学生群体在网络时代的精神面貌和文化特质的集中体现。具体来说，大学生网络文化包括他们在社交媒体上的互动、对在线学习资源的利用、网络游戏中的团队合作、对网络社区的参与、对网络语言的创造与传播，以及在网络平台上对各种社会议题的讨论和表达等。这些活动不仅丰富了大学生的校园生活，也使他们形成了独特的网络身份和文化认同。

（二）大学生网络文化的特点分析

大学生网络文化的一大显著特点就是其多元化。由于大学生来自不同的地域、家庭背景和文化环境，他们的网络行为、兴趣爱好和价值观念也呈现出多元化的特点。这种多元化不仅体现在网络内容的丰富性上，

还体现在网络互动的多样性上。同时，大学生网络文化也具有很强的包容性，能够接纳和融合不同的文化元素和观点，从而形成一个开放、多元的网络文化生态。

大学生作为年轻、有活力的群体，他们在网络文化的创造和传播中扮演着重要角色。他们敢于尝试新事物，善于运用新技术，不断推动网络文化的创新和发展。从网络语言的创造到网络平台的开发，从网络社区的建立到网络活动的组织，大学生都展现出极强的创新能力和前沿意识。他们的这些行为不仅丰富了网络文化的内涵，也推动了网络文化的不断演进。

大学生网络文化的另一个重要特点是其互动性和社交性。在互联网上，大学生可以通过各种社交媒体和即时通信工具与他人进行实时互动和交流。这种互动不限于文字聊天，还包括语音通话、视频聊天等多种形式。通过互动和社交，大学生可以建立广泛的社交网络，结识来自不同地域和文化背景的朋友，分享彼此的生活经验和情感体验。这种互动性和社交性不仅加深了大学生之间的联系，也促进了不同文化之间的交流和融合。

大学生网络文化还表现出虚拟性与现实性交织的特点。一方面，大学生在网络空间中创造了一个虚拟的世界，他们可以在这个世界中自由地表达自己的思想和情感，展现自己的个性和才华。另一方面，这个虚拟的世界又与现实生活紧密相连，大学生在网络上的行为和言论往往会对现实生活产生影响。例如，他们在网络上发起的公益活动可以吸引更多人的关注和参与，从而推动社会公益事业的发展。

大学生网络文化既具有娱乐性，也具有教育性。在网络平台上，大学生可以找到各种娱乐内容，如网络游戏、音乐、视频等，这些娱乐内容不仅可以帮助他们放松身心，还可以培养他们的审美情趣和创造力。

同时，网络上也有大量的教育资源和学习工具，如在线课程、学术数据库、电子图书等。这些资源为大学生提供了广阔的学习空间和便利的学习条件，有助于他们拓宽知识面和提高综合素质。

由于互联网技术的快速发展和大学生群体特性的变化，大学生网络文化也呈现出易变性和时效性的特点。网络热点和流行语常常在短时间内迅速更迭，反映出大学生对新鲜事物和潮流的敏锐洞察力。这种易变性要求大学生网络文化不断创新和适应，以保持其活力和吸引力。同时，时效性也意味着大学生能够迅速响应社会事件和时事热点，互联网成为大学生表达观点和态度的重要平台。

二、大学生全球网络文化多样性与融合趋势

随着互联网技术的飞速发展，全球网络文化日益成为连接不同国家和地区的大学生的重要桥梁。

（一）定义与背景

大学生全球网络文化，是指在全球化背景下，以大学生为主体，依托互联网技术和网络平台，形成的一种跨越国界、融合多元文化的网络文化现象。它涵盖了大学生在网络空间中的信息交流、文化传播、价值观念碰撞与融合等多个方面，是全球化时代文化多样性的重要体现。

随着互联网技术的普及和全球化进程的加速，大学生作为全球网络文化的主要参与者和传播者，其网络行为和文化活动日益频繁和广泛。他们通过网络平台了解世界各国的文化、历史、社会现象，同时也将自己的文化观念、生活方式和价值观传播到世界各地。这种跨文化的交流与传播不仅丰富了大学生的文化视野，也促进了全球网络文化的多样性与融合。

（二）多样性表现

大学生全球网络文化的多样性体现在多个方面，主要包括文化内容的多样性、文化形式的多样性以及文化主体的多样性。

全球网络文化汇聚了来自世界各地的不同文化元素，包括语言、宗教、风俗习惯、艺术表现等。大学生在网络空间中可以接触到丰富多彩的文化内容，如各国的传统节日、民俗活动、艺术作品等。文化内容的多样性为大学生提供了广阔的学习和交流空间，促进了他们对不同文化的认知和理解。

随着互联网技术的发展，网络文化形式日益丰富多样。大学生可以通过社交媒体、在线论坛、博客、视频分享网站等多种渠道，以文字、图片、声频、视频等多种形式表达自己的文化观念和生活体验。文化形式的多样性不仅增强了网络文化的表现力和感染力，也提高了大学生参与网络文化活动的积极性和创造性。

大学生全球网络文化的主体来自不同的国家和地区，拥有不同的文化背景和价值观念。他们在网络空间中自由交流、相互学习，形成了独特的跨文化交流氛围。文化主体的多样性为网络文化注入了新的活力和动力，促进了不同文化之间的理解和尊重。

（三）融合趋势

在全球化背景下，大学生全球网络文化的融合趋势日益明显。这种融合不仅体现在文化内容的相互借鉴和融合上，还体现在文化形式的创新和跨文化交流机制的完善上。

在全球网络空间中，不同文化元素相互碰撞、交流和融合，形成了新的文化形态。大学生在接触和学习不同文化的过程中，往往会将其他文化的优秀元素融入自己的文化观念中，从而创造出具有创新性和包容性的新文化产品。这种文化内容的相互借鉴与融合不仅丰富了网络文化的内涵和外延，也促进了全球文化的共同繁荣和发展。

随着互联网技术的不断发展，网络文化形式也在不断创新和演变。大学生作为网络文化的主要参与者和传播者之一，他们积极尝试新的文化表达方式和传播手段，如网络直播、短视频、虚拟现实等。这些新兴的文化形式不仅提高了网络文化的传播效率和影响力，也为大学生提供了更加便捷和多样化的文化体验方式。通过这些创新的文化形式，大学生可以更加直观地感受不同文化的魅力和特色，促进跨文化的深度交流和融合。在全球网络空间中，跨文化交流机制的完善对促进大学生全球网络文化的融合至关重要。各国政府、高校、社会组织等应积极搭建跨文化交流平台，推动大学生之间的互访、学术交流和合作研究等活动。同时，还应加强网络文化监管和引导工作，确保网络文化的健康发展和有序传播，通过这些机制的完善和实施，进一步促进大学生全球网络文化的融合和发展。

三、跨文化交流的意义

随着互联网的飞速发展，网络空间已成为人们日常生活不可或缺的一部分。在这个虚拟而又真实的世界里，跨文化交流变得日益频繁和重要。网络不仅打破了地理和时间的限制，更为不同文化背景的人们提供了一个相互了解、交流和合作的平台。

（一）对大学生的意义

网络空间为个体提供了接触不同文化的窗口。通过跨文化交流，大学生可以了解到世界各地的风俗习惯、价值观念、生活方式等，从而拓宽自己的视野。这种跨文化的体验有助于大学生形成更加开放和包容的心态，促进大学生的全面发展。

在网络空间中，大学生需要与来自不同文化背景的人进行交流。这种交流过程不仅能锻炼大学生的语言能力，还能培养其对跨文化交流的敏感性和适应性。通过这些实践，大学生能够更好地理解和尊重不同文化，提高自己在多元文化环境中的交际能力。跨文化交流有助于大学生在多元文化的碰撞中找到自己的定位，形成独特的身份认同。通过与不同文化背景的人交流，大学生可以发现自己的潜力和兴趣，从而在网络空间中找到实现自我价值的途径。

（二）对社会的意义

网络空间中的跨文化交流有助于增进不同文化背景的人群之间的理解，减少误解和偏见。这种交流促进了社会的和谐与包容，为构建一个更加平等、公正的社会环境奠定了基础。跨文化交流带来了不同文化之间的碰撞与融合，这种碰撞与融合往往能够激发高校中产生新的创意和想法。在网络空间中，这些创意和想法可以迅速传播和共享，从而推动社会的创新和进步。网络空间为国际合作与交流提供了新的渠道和平台。通过跨文化交流，不同国家和地区的人可以共同探讨和解决全球性问题，如环境保护、经济发展、文化传承等。这种合作与交流有助于增进国际友谊与互信。

（三）对经济的意义

跨文化交流为企业提供了拓展市场和商机的新途径。通过网络平台，企业可以接触到来自不同文化背景的潜在客户和合作伙伴，了解他们的需求和偏好，从而制定出更加精准的市场营销策略。

网络空间中的跨文化交流有助于促进国际贸易与合作。不同国家和地区的企业可以通过网络平台开展产品展示、交易洽谈和合同签订等活动，降低交易成本和时间成本，提高国际贸易的效率和便利性。跨文化交流在网络空间中的广泛开展推动了经济全球化的进程。通过网络平台，资本、技术、人才等生产要素可以在全球范围内自由流动和优化配置，促进全球经济的繁荣与发展。

（四）对文化的意义

网络空间为不同文化的展示与交流提供了广阔的平台。通过跨文化交流，各种文化可以在网络空间中相互碰撞、融合和创新，有助于推动人类文明的进步与发展。

跨文化交流并不意味着文化的同质化或单一化。相反，它有助于各民族文化的传承与弘扬。通过网络平台，各民族可以展示自己的文化传统和特色，增强民族自豪感和认同感。同时，这种展示也有助于其他文化了解和尊重该民族文化，促进不同文化之间的和平共处与共同发展。跨文化交流能够激发文化创新与发展的活力。不同文化之间的碰撞与融合往往能够催生出新的文化形态和艺术作品。在网络空间中，这些新文化形态和艺术作品可以得到迅速传播和共享，从而推动全球文化的繁荣与发展。

四、促进大学生网络文化多样性的策略

随着大学生网络文化的快速发展，如何保持并促进其多样性，成为一个亟待解决的问题。

跨文化教育是促进网络文化多样性的基础。高校应开设相关课程，引导大学生了解不同文化的历史背景、价值观念和社会习俗，培养其尊重和理解不同文化的意识。同时，通过组织国际交流活动、模拟跨文化沟通场景等方式，提升大学生的跨文化交际能力，使其在网络空间中能够更加自信、更加开放地与来自不同文化背景的人交流。网络文化的多样性离不开内容的创新。高校和相关部门应鼓励大学生积极创作具有文化特色的网络内容，如短视频、微电影、网络小说等，以展现不同文化的独特魅力。同时，建立网络文化创作激励机制，为优秀网络文化作品提供展示平台和推广渠道，激发大学生的创作热情，推动网络文化形态的多样化发展。

搭建多元化的网络交流平台是促进大学生网络文化多样性的关键。高校可以建立跨文化网络社区，为大学生提供一个交流思想、分享文化的空间。在这些平台上，大学生可以自由地发表观点、展示文化成果，与其他文化背景的人进行互动和讨论。此外，还可以定期举办网络文化节、在线文化讲座等活动，邀请不同文化背景的嘉宾进行分享和交流，进一步促进文化的互动与共享。

网络素养是大学生在网络空间中行为规范和价值判断的重要体现。高校应加强网络素养教育，引导大学生树立正确的网络价值观，培养其理性思考、独立判断的能力。同时，高校还要教育大学生在网络交流中保持尊重和包容的态度，避免文化冲突和误解，通过提高大学生的网络素养，为其在网络文化中发挥积极作用奠定基础。

技术手段在促进网络文化多样性方面发挥着重要作用。高校和相关部门可以利用大数据、人工智能等技术对网络文化内容进行智能分类和推荐，使大学生能够更方便地接触到多样化的网络文化内容。同时，加强网络文化环境的监管和治理，打击网络文化中的不良现象和违法行为，为大学生营造一个健康、积极的网络文化环境。

文化自觉与自信是促进大学生网络文化多样性的内在动力。高校应引导大学生深刻认识自己民族文化的独特价值和魅力，鼓励其在网络空间中积极传播和弘扬民族文化。同时，通过开设民族文化课程、举办民族文化节等方式，增强大学生对民族文化的认同感和自豪感，使其在网络文化交流中更加自信地展示民族文化的风采。

国际合作与交流是促进大学生网络文化多样性的重要途径。高校应积极与国外高校和研究机构建立合作关系，共同开展网络文化研究、教育和交流活动，通过国际学术会议、联合培养项目等方式，推动大学生在国际舞台上展示自己国家的网络文化成果，同时学习和借鉴其他国家的优秀网络文化经验。这种国际合作与交流有助于增进不同文化之间的理解和尊重，为构建更加和谐的网络文化环境贡献力量。

第二节　跨文化交流中的网络礼仪与习俗

一、不同文化背景下的网络沟通习惯

在全球化日益加深的今天，网络成为人们跨越地理界限、进行实时沟通的重要工具。然而，不同文化背景的人在网络沟通中展现出了各具特色的习惯与偏好，这些差异不仅体现在语言表达上，还体现在沟通风格、信息处理方式以及网络社交行为等多个层面。

语言是沟通的基础，而不同文化背景的人们在网络沟通中使用的语言风格、词汇乃至表情符号都存在着显著差异。例如，西方文化背景下的网络沟通往往更加直接和坦率，而东方文化背景下的网络沟通则更注重委婉和含蓄。此外，某些词语或表达在不同文化中可能具有截然不同的含义或情感色彩，这要求我们在跨文化网络沟通时要格外注意用词的准确性和敏感性。除了语言表达，不同文化背景的人在网络沟通中还表现出了不同的沟通风格。西方文化背景下的沟通者往往更倾向于直接表达自己的观点和需求，而东方文化背景下的沟通者则更注重建立和谐的人际关系，因此在沟通时可能会更多地使用礼貌用语和委婉的表达方式。此外，不同文化对沟通中的沉默和反馈也有着不同的解读，这需要在跨文化沟通中予以特别关注。

网络沟通中的信息处理方式也受到了文化背景的影响。例如，在一种文化背景下，人们可能更注重信息的详细性和准确性，因此在网络沟通中会倾向于提供更多的背景信息和细节描述；而在另一种文化背景下，人们则可能更注重信息的简洁性和效率，因此在沟通中会尽量避免冗长和复杂的表述。这种信息处理方式的差异可能会导致跨文化沟通中的误解和冲突，因此我们需要学会调整自己的沟通方式，以适应不同的文化背景。网络社交行为也是不同文化背景的人的网络沟通习惯的重要体现。例如，在一些文化中，网络社交被视为一种休闲娱乐的方式，人们更倾向于在社交媒体上分享个人生活和情感；而在另一些文化中，网络社交则更多地被用于职业发展和商业合作。此外，不同文化对网络社交中的隐私保护、社交礼仪以及群体行为也有不同的看法和做法，这需要我们在跨文化网络社交中予以充分的尊重和理解。

面对不同文化背景下的网络沟通习惯差异，我们需要采取一系列策略和建议来促进有效的跨文化沟通。首先，增强跨文化意识是关键。我们应该主动了解和尊重不同文化的沟通习惯和偏好，避免以己度人或盲目评判。其次，提高语言能力和沟通技巧也是必不可少的。我们需要努力学习并掌握多种语言和文化背景下的沟通技巧，以便更加准确地传达自己的意图并理解他人的观点。此外，注重非语言沟通的重要性也不容忽视。在跨文化网络沟通中，我们应该更加注重表情符号、图片以及视频等非语言元素的使用，以弥补语言表达的不足，并增强沟通的生动性和趣味性。最后，建立共同的文化认知和理解也是促进跨文化网络沟通的有效途径。我们可以通过共同学习、交流和分享经验来增进对不同文化的了解和认同，从而在网络沟通中建立起更加紧密、和谐的关系。

二、尊重与理解跨文化网络礼仪的重要性

网络礼仪作为网络沟通中的行为规范，受文化背景、价值观念、社会习俗等多种因素的影响。不同文化背景下的网络礼仪呈现出多样化的特点。例如，在一种文化背景下，人们可能注重在网络沟通中使用礼貌用语和正式的表达方式，以体现尊重和谦逊；而在另一种文化背景下，人们则可能更倾向于使用简洁、直接的语言，以体现效率和直率。此外，

不同文化对网络沟通中的隐私保护、信息分享、反馈机制等也有不同的看法和做法。

尊重跨文化网络礼仪是进行有效跨文化沟通的基础。首先，尊重他人的文化背景和沟通习惯是建立良好关系的前提。在网络空间中，我们应该避免对他人的文化进行贬低或嘲笑，而应该以开放和包容的心态去了解和接纳不同的网络礼仪。其次，尊重跨文化网络礼仪有助于减少误解和冲突。由于不同文化背景下的网络礼仪存在差异，如果我们忽视这些差异，就可能会导致沟通中的误解和冲突。而尊重并适应不同的网络礼仪，则可以帮助我们更好地理解他人的意图，避免不必要的误解和冲突。最后，尊重跨文化网络礼仪也是体现个人素养和跨文化交际能力的重要标志。一个具备跨义化交际能力的人，应该能够在不同的文化背景下灵活地调整自己的沟通方式，以适应不同的网络礼仪。

在跨文化网络沟通中，实践与应用跨文化网络礼仪是至关重要的。首先，我们应该在沟通前了解对方的文化背景和沟通习惯，以便在沟通中更加灵活地调整自己的沟通方式。例如，在与来自注重礼貌和谦逊的文化背景的人沟通时，我们可以使用更加正式和礼貌的语言；而在与来自注重效率和直率的文化背景的人沟通时，我们可以使用更加简洁和直接的语言。其次，在沟通中，我们应该尊重对方的隐私和观点，避免使用冒犯性或歧视性的语言。同时，我们也应该注重反馈和回应，及时回应对方的观点和问题，以体现尊重和关注。最后，在沟通后，我们应该对沟通过程进行反思和总结，以便在以后的跨文化网络沟通中更加有效地应用跨文化网络礼仪。

三、大学生避免文化冲突的网络沟通技巧

不同文化背景的人们在网络沟通中往往存在诸多差异，这些差异可能导致误解、冲突甚至关系破裂。对大学生而言，掌握避免文化冲突的

网络沟通技巧显得尤为重要。

大学生要认识到文化差异的存在，并学会尊重这些差异。不同文化背景的人在价值观、信仰、习俗、沟通方式等方面都可能存在差异。在网络沟通中，我们要保持开放的心态，不去评判或贬低他人的文化背景，而是尝试去理解和接纳。为了更好地了解文化差异，大学生可以通过阅读相关文献、参与跨文化交流活动、与来自不同文化背景的人建立友谊等方式来拓宽自己的视野。这样，我们在网络沟通中就能更加敏锐地察觉并适应文化差异，从而避免不必要的冲突。

在网络沟通中，由于无法面对面交流，我们往往无法准确地捕捉到对方的语气、表情等非语言信息。因此，大学生在沟通时要尽量做到清晰、准确地表达自己的观点和意图，避免使用模糊、含糊不清的语言，以免引起误解。同时，在表达观点时，要尽量客观、公正，避免带有个人情感色彩或偏见。这样，我们的观点会更容易被来自不同文化背景的人接受和理解。

倾听是沟通的重要一环。在网络沟通中，大学生要学会倾听对方的观点，并尝试从对方的文化背景和角度出发去理解这些观点，不要急于打断或反驳对方的观点，而是给予对方充分的表达空间。在倾听过程中，我们可以通过提问、澄清等方式来确保自己正确理解了对方的观点。这样，我们能更加准确地回应对方的观点，从而避免因误解而导致的冲突。

在网络沟通中，使用合适的语言和语气对避免文化冲突尤为重要。大学生要尽量避免使用冒犯性或歧视性的语言，以免引起对方的反感或冲突。同时，要注意把握语气，尽量保持客观、冷静的态度，避免过于情绪化或激动。为了更好地适应不同文化背景的人的沟通习惯，大学生可以学习一些基本的跨文化沟通技巧，如使用礼貌用语、避免使用俚语或地域性强的表达方式等。

虽然网络沟通主要以文字为主，但非语言沟通的运用同样重要。大学生可以通过使用表情符号、图片、视频等非语言元素来丰富自己的沟通方式，并更好地传达自己的情感和态度。同时，要注意不同文化背景的人对非语言元素的理解可能存在差异，因此在使用时要谨慎选择。

尽管我们采取了诸多措施来避免文化冲突，但在实际沟通中仍可能遇到一些无法避免的冲突。此时，大学生需要学会灵活应对这些冲突。首先，要保持冷静和理智，不要被情绪左右。其次，要尝试从对方的文化背景和角度出发去理解冲突的原因和本质。最后，要积极寻求解决方案，如通过协商、妥协等方式来化解冲突。

跨文化沟通是一个不断学习和反思的过程。大学生要在实践中不断总结经验、教训，学会从每次沟通中汲取营养并不断改进自己的沟通技巧。同时，要保持对不同文化的持续关注和了解，以便更好地适应和应对不同文化背景的人的沟通需求。

四、学习并适应不同文化的网络习俗

不同文化背景的人在网络交流中往往有着各自独特的网络习俗和沟通习惯。这些习俗和习惯可能因地域、语言、宗教、价值观等多种因素的不同而不同，导致大学生在网络交流中可能会遇到诸多挑战。因此，学习并适应不同文化的网络习俗对大学生而言显得尤为重要。

（一）网络习俗的多样性与文化背景

不同文化背景下的网络习俗呈现出多样化的特点。大学生首先要认识到这些习俗的多样性和文化背景的重要性。只有深入了解不同文化的网络习俗，才能更好地理解和尊重他人的沟通习惯，从而避免误解和冲突。

（二）学习不同文化的网络习俗的策略

大学生可以通过阅读相关文献、参与跨文化交流活动、与来自不同文化背景的人建立友谊等方式，主动了解和研究不同文化的网络习俗。这些途径可以帮助他们获取第一手的信息和体验，从而更深入地了解不同文化的网络交流方式和习惯。

除了要学习理论知识，大学生还需要通过实践与体验来加深对不同文化的网络习俗的理解。他们可以尝试与来自不同文化背景的人进行网络交流，观察并学习他们的沟通方式和习惯。通过实践，他们可以更好地掌握不同文化的网络习俗，并在实际交流中运用学到的知识。大学生要保持开放与包容的心态，尊重他人的文化背景和沟通习惯，避免贬低或嘲笑他人的习俗。同时，他们也要有耐心和毅力，因为学习并适应不同文化的网络习俗是一个长期而复杂的过程。

（三）适应不同文化的网络习俗的挑战与应对

语言是网络交流的基础，但不同文化背景的人们使用不同的语言。大学生在学习并适应不同文化的网络习俗时，可能会遇到语言障碍。为了克服这一挑战，他们可以学习一些基本的跨语言沟通技巧，如使用翻译工具、避免使用地域性强的表达方式等。

由于文化差异，大学生在网络交流中可能会遇到误解的情况。为了应对这一挑战，他们需要更加注重倾听和理解对方的观点和意图。在回应时，他们也需要更加谨慎和准确，以避免因误解而导致冲突。不同文化的人在网络交流中可能有着不同的沟通风格。例如，一些文化在沟通时可能注重直接和坦率，而另一些文化则可能更加注重委婉和含蓄的表达方式。大学生要学会适应这些不同的沟通风格，并根据实际情况灵活调整自己的沟通方式。

（四）学习并适应不同文化的网络习俗的意义与价值

通过学习并适应不同文化的网络习俗，大学生可以拓宽自己的视野，加深对不同文化的理解和认知。这有助于他们更好地融入全球化背景下的多元文化环境，并与来自不同文化背景的人建立更加紧密的联系。

掌握不同文化的网络习俗有助于提升大学生的跨文化沟通能力，使他们能够更加自信地与来自不同文化背景的人交流，并在实际沟通中运用学到的知识和技巧，为他们的未来职业发展和国际合作打下坚实的基础。掌握不同文化的网络习俗有助于大学生更加尊重和理解不同文化的独特性和价值，从而在网络交流中展现出更加开放和包容的态度，进而构建一个更加和谐、包容的跨文化网络交流环境。

第三节　网络文化冲突与融合的策略

一、网络文化冲突产生的原因与表现形式

不同文化背景的人在网络交流过程中，往往会因为价值观念、信仰体系、行为习惯等多方面的差异而产生文化冲突。这种冲突不仅会影响网络交流的和谐与顺畅，还可能进一步加剧现实中的文化隔阂与误解。因此，深入探讨网络文化冲突产生的原因与表现形式，对促进跨文化交流、维护网络空间秩序具有重要意义。

（一）网络文化冲突产生的原因

价值观念是文化的核心组成部分，它影响人们的行为方式、思维模式和道德判断。在网络交流中，不同文化背景的人往往持有不同的价值观念，这些差异可能导致对同一问题的看法和态度截然不同，从而引发冲突。例如，对隐私权的保护，西方文化普遍强调个人隐私神圣不可侵犯，而在东方文化中，则可能更加注重集体利益和社会和谐。这种价值观念上的差异在网络交流中可能会引发激烈的争论和冲突。

信仰体系是文化的另一重要组成部分，包括宗教信仰、政治信仰、

哲学信仰等。在网络空间中，不同信仰体系的人可能会因为对某一问题的看法不同而产生冲突。这种冲突往往更加激烈和难以调和，因为信仰体系往往与人们的身份认同和价值观紧密相连。除了价值观念和信仰体系，行为习惯也是导致网络文化冲突的重要原因。不同文化背景的人在网络交流中可能有不同的行为规范和礼仪习惯。这些差异可能会导致误解和冲突，尤其是在涉及跨文化交流时。在网络空间中，信息的传播往往是不对等的。一些文化或群体可能拥有更多的信息资源和话语权，而另一些文化或群体则可能处于信息劣势地位。这种信息传播的不对等可能导致文化之间的误解和冲突。拥有信息优势的文化或群体可能利用其话语权来传播自己的价值观和观念，而忽视或压制其他文化的声音。这种信息不对称不仅会加剧文化之间的隔阂，还可能会引发网络舆论战和文化冲突。

（二）网络文化冲突的表现形式

语言是网络交流的基础工具，但不同文化背景的人可能使用不同的语言或方言。这种语言差异可能会导致交流障碍和误解，从而引发冲突。例如，在某些网络论坛或社交媒体上，不同语言的使用者可能因为无法准确理解对方的意图而产生争执和冲突。

由于价值观念、信仰体系和行为习惯的差异，不同文化背景的人在网络交流中往往持有不同的观点。这些观点的对立可能导致激烈的争论和冲突。例如，在政治、宗教或社会问题上，不同文化背景的网民可能形成鲜明的立场和阵营，展开激烈的辩论和攻击。网络文化冲突还可能表现为网络暴力和仇恨言论。一些网民可能因为对某一文化或群体的不满或偏见，而在网络上发表攻击性、侮辱性或煽动性的言论。这种言论不仅会加剧文化之间的隔阂和冲突，还可能对受害者造成严重的心理伤害。在网络空间中，不同文化之间的交流和碰撞可能会导致一些个体或群体产生文化认同危机。他们可能会对自己的文化传统和价值观产生怀疑或困惑，从而在网络交流中产生焦虑、不安或攻击性的行为。这种文化认同危机不仅会影响个体的心理健康和社会适应能力，还可能对整个社会的文化多样性和包容性造成威胁。

（三）应对网络文化冲突的策略

面对网络文化冲突，我们需要采取一系列有效的策略。首先，加强跨文化教育，提高大学生对不同文化的理解，培养其跨文化交流的能力。其次，建立多元文化的网络空间，鼓励不同文化之间的交流和对话，促进文化的多样性和包容性。同时，加强网络监管和法律法规建设，打击网络暴力和仇恨言论，维护网络空间的秩序和安全。最后，个体也应积极提升自身的文化素养和跨文化交流能力，以更加开放和包容的心态面对网络文化冲突。

二、大学生促进网络文化融合与理解的途径

大学生作为网络空间的主要活跃群体，拥有独特的优势与潜力，在促进网络文化融合与理解方面具有重要作用。

大学生应积极选修与多元文化相关的课程，如跨文化交流、世界文化史等，以系统地学习不同文化的背景、价值观、习俗与行为模式。通过课程学习，大学生能够加深对不同文化的理解，为网络文化融合打下坚实的理论基础。大学生应积极参与学校组织的国际交流活动，如国际学生论坛、文化交流节等。这些活动能够为大学生提供与来自不同文化背景的人直接交流的机会，有助于他们在实际互动中增进对异国文化的了解与体验。

大学生可以在网络平台上创建跨文化交流的社群或论坛，邀请来自不同文化背景的人加入，共同分享各自的文化特色、传统节日与习俗。大学生可以发起或参与跨国在线合作项目，如跨国学术研究、文化创意

产业合作等。通过项目合作，大学生可以与来自不同文化背景的人共同工作，学习如何协调与整合不同文化的优势与特色，从而促进文化融合与创新。大学生可以在网络平台上组织各种文化节庆活动，如在线国际美食节、网络文化节等。通过这些活动，大学生可以展示不同文化的魅力与特色，吸引更多人关注与参与。

大学生应积极发声，反对网络空间中的文化歧视与偏见。当遇到对某种文化的误解、贬低或攻击时，大学生应勇于站出来进行反驳与澄清，维护网络空间中的文化多样性与包容性。大学生可以在网络平台上推广网络文化多样性教育，制作并分享相关的教学视频、文章与案例。通过这些教育内容，大学生可以帮助更多的人认识网络空间文化多样性的重要性，并学会如何在网络空间中尊重与理解不同的文化。

大学生应学习并掌握不同文化背景下的网络礼仪与规范，了解并尊重他人在网络空间中的行为习惯与表达方式。通过遵守网络礼仪，大学生可以避免因文化差异而引起的误解与冲突。大学生应积极提高跨文化沟通技巧，学会如何与不同文化背景的人进行有效沟通，包括学习倾听与理解他人的观点、表达自己的想法与感受，以及寻求共同点与共识等技巧。

三、大学生利用网络平台进行文化交流与对话

（一）网络平台在文化交流与对话中的独特优势

网络平台打破了传统文化交流的地域和时空限制，使不同文化背景的人能够随时随地地进行交流与对话。大学生通过网络平台可以与世界各地的人建立联系，了解不同文化的独特魅力。

网络平台提供了文字、图片、声频、视频等多种交流方式，使文化交流更加生动、直观。大学生可以利用这些多样化的交流方式，更全面

地展示和传播自己的文化，同时也可以更深入地了解和体验其他文化。网络平台拥有广泛的受众群体，不同文化背景、不同年龄段、不同职业的人都可以参与其中。这有助于大学生拓宽视野，加深对不同文化的理解。

（二）大学生利用网络平台进行文化交流与对话的途径

大学生可以在网络平台上创建跨文化交流的社群或论坛，如微信群、QQ 群等。他们可以邀请来自不同文化背景的人加入，分享各自的文化特色、传统节日与习俗。通过社群的互动与交流，大学生可以促进不同文化之间的了解与融合，增进彼此之间的友谊。大学生可以发起或参与跨国在线合作项目，这种跨文化的合作不仅有助于促进文化的交流与对话，还可以培养大学生的跨文化沟通能力与团队协作能力。

大学生可以利用网络平台进行文化推广与传播。他们可以制作并分享关于本民族文化的视频、文章、图片等，向其他人展示本民族文化的独特魅力。同时，他们也可以积极学习和了解其他文化，并在网络平台上进行分享与交流。大学生可以积极参与网络文化交流活动，如在线国际文化节、网络文化讲座、跨文化交流研讨会等。通过参与这些活动，大学生可以更加深入地了解其他文化的特点与精髓，同时也可以将本民族的文化传播给更多的人。

（三）大学生在利用网络平台进行文化交流与对话时面临的挑战与应对策略

语言障碍是大学生在利用网络平台进行文化交流与对话时面临的主要挑战之一。为了克服这一障碍，大学生可以积极学习外语，提高自己的语言能力。同时，他们也可以利用翻译工具或寻找合作伙伴来帮助自己进行跨文化交流与对话。

由于文化差异的存在，大学生在利用网络平台进行文化交流与对话时，可能会遇到误解或冲突。为了应对这一问题，大学生需要增强自己的跨文化意识与敏感性，学会尊重和理解其他文化的独特之处。同时，他们也需要提高自己的跨文化沟通技巧，学会如何有效地与他人进行跨文化交流与对话。在利用网络平台进行文化交流与对话时，大学生还需要注意网络信息安全问题。他们应该保护自己的个人信息和隐私，避免泄露个人信息和隐私给不法分子。同时，他们也要警惕网络诈骗和虚假信息的传播，保持警惕和理性的态度。

四、大学生培养全球视野与跨文化敏感性的方法

（一）增强全球意识：了解世界多元性

大学生可以通过学习世界历史与文化课程，了解不同国家和地区的文化、历史、社会制度和发展轨迹。这有助于他们理解世界文化的多元性，认识到不同文化之间的差异和共同点。

通过阅读国际新闻、关注国际组织和跨国企业的动态，大学生可以了解全球政治、经济、社会和文化方面的最新发展。这有助于他们拓宽视野，增强对全球事务的敏感性。

（二）提升跨文化沟通能力：跨越语言与文化的障碍

掌握一门或多门外语是提升跨文化沟通能力的基础。大学生应该积极学习外语，提高自己的语言能力，以便更好地与来自不同文化背景的人进行交流。

大学生应该学习跨文化沟通技巧，包括学习倾听与理解他人的观点、表达自己的想法与感受，以及寻求共同点与共识等技巧，了解如何与来自不同文化背景的人进行有效沟通。学校可以组织模拟跨文化交流活动，如模拟国际会议、跨文化商务谈判等。通过参与这些活动，大学生可以锻炼自己的跨文化沟通能力，提升应对实际跨文化交流挑战的能力。

（三）培养批判性思维：审视全球问题

大学生应该学习批判性思维技巧，学会如何分析问题、评估证据和形成独立的观点。这有助于他们保持客观、理性和全面的态度。

大学生应该关注全球性问题，如气候变化、贫富差距、文化冲突等。通过了解这些问题的背景、原因和影响，他们可以培养对全球性问题的敏感性和责任感。学校可以组织全球性问题研讨与辩论活动，邀请专家学者和业界人士与大学生进行交流。通过参与这些活动，大学生可以深入了解全球性问题的复杂性和多样性，学会从不同角度审视和思考问题。

（四）实践跨文化体验：融入异国文化

大学生应该积极参加学校组织的海外交流项目，如海外游学、国际实习等。通过亲身体验异国文化，他们可以更深入地了解不同文化的独特之处，加深对跨文化敏感性的理解。

大学生可以参与国际志愿服务活动，如跨国支教、环保项目等。通过为来自不同文化背景的人提供帮助和服务，他们可以培养跨文化敏感性。大学生应该积极结交来自不同文化背景的朋友，与他们建立深厚的友谊。通过与这些朋友的交流和互动，他们可以更深入地了解不同文化的价值观、习俗和行为方式。

（五）反思与总结：不断提升自我

大学生应该定期反思自己的跨文化经历，思考自己在这些经历中的收获和不足。通过反思，他们可以不断总结经验教训，提升自己的跨文化敏感性。

大学生可以积极寻求来自不同文化背景的人的反馈与建议。通过了解他们对自己的看法和评价，他们可以更好地了解自己的不足，从而有针对性地进行改进和提升。大学生可以制订个人发展计划，明确自己在培养全球视野与跨文化敏感性方面的目标和计划。

第四节　大学生跨文化网络交流能力的培养

一、大学生跨文化网络交流课程的设置与内容

随着网络技术的飞速发展，跨文化网络交流日益频繁，对大学生的国际视野、语言能力以及跨文化沟通能力提出了更高的要求。因此，设置一门针对大学生的跨文化网络交流课程显得尤为重要。

（一）课程设置的背景与意义

在全球化的大背景下，不同国家和地区之间的交流与合作日益增多。大学生作为未来的社会栋梁，需要具备与来自不同文化背景的人进行有效沟通的能力。跨文化网络交流课程的设置，正是为了帮助大学生掌握在网络环境中进行跨文化交流的技巧和策略，提高他们的跨文化沟通能力。

（二）课程目标与定位

跨文化网络交流课程的目标是培养大学生在网络环境中进行跨文化交流的能力，包括语言运用能力、跨文化沟通能力、网络礼仪与素养等。通过学习本课程，大学生应能够自如地在网络环境中与来自不同文化背景的人进行交流与合作，展现良好的国际形象。

本课程定位为通识教育课程，面向全校大学生开放。无论学生的专业背景如何，都可以学习本课程，提升自己的跨文化网络交流能力。同时，本课程也可作为国际交流、国际商务等相关专业的必修或选修课程。

（三）课程内容设计

课程应介绍跨文化交流的基本概念和理论基础，包括文化差异、文化冲突与融合、跨文化适应等。通过学习这部分内容，学生可以建立起

对跨文化交流的全面认识，为后续的学习打下坚实的基础。接着，课程应重点讲解网络交流的技巧与策略，包括网络语言的运用、网络礼仪与素养、网络沟通的策略等。这部分内容旨在帮助学生掌握在网络环境中进行有效沟通的方法和技巧，提高他们的网络交流能力。为了让学生更好地掌握跨文化网络交流的能力，课程应设置实践环节，可以通过模拟跨文化网络交流场景、组织国际学生网络交流会等方式，让学生在实践中锻炼自己的跨文化网络交流能力。同时，教师还可以引导学生参与实际的跨文化网络交流项目，如国际学生合作项目、跨国企业实习等，让学生在实践中不断成长。

在跨文化网络交流中，文化冲突是不可避免的问题。因此，课程应专门讲解文化冲突的原因、表现形式以及解决策略。通过这部分内容的学习，学生可以学会如何识别和处理网络交流中的文化冲突，避免不必要的误解和矛盾。课程可以通过分析跨文化网络交流的典型案例，让学生更加深入地了解跨文化网络交流的实际情况和应对策略。通过案例分析，学生可以学到跨文化网络交流的经验和教训，为自己的实践提供有益的参考。

（四）教学方法与评估方式

本课程应采用多样化的教学方法，包括课堂讲授、小组讨论、案例分析、模拟实践等。多样化的教学方法可以激发学生的学习兴趣和积极性，提升他们的学习效果。

本课程的评估方式应注重过程性评价和结果性评价的结合，可以通过课堂表现、小组讨论参与度、实践项目完成情况等方式进行过程性评价，通过期末考试、课程论文等方式进行结果性评价。多样化的评估方式可以全面、客观地评价学生的学习效果和跨文化网络交流能力。

二、大学生跨文化网络交流实践活动的组织

随着网络技术的飞速发展，跨文化网络交流日益频繁，为大学生提供了与世界各地人士互动的机会。为了有效地组织大学生跨文化网络交流实践活动，我们需要从多个方面进行细致的规划和实施。

（一）活动目标与背景

大学生跨文化网络交流实践活动的核心目标是提升大学生的跨文化沟通能力、语言运用能力、网络礼仪与素养，并培养他们的国际视野。通过实践活动，学生能够与来自不同文化背景的人建立联系，进行有意义的交流，从而加深对不同文化的理解。

（二）活动内容与形式

活动内容应围绕跨文化交流的主题展开，包括但不限于不同文化介绍、跨文化沟通技巧、网络礼仪与素养、国际时事热点讨论等。通过精心的内容设计，学生可以全面了解跨文化交流的各个方面。

活动形式可以多样化，以适应不同学生的需求和兴趣。例如，可以组织线上国际学生论坛，邀请来自不同国家的学生分享他们的文化和生活经验；可以开展跨文化网络角色扮演游戏，让学生在模拟环境中体验不同文化的交流方式；可以安排跨文化网络写作比赛，鼓励学生用文字表达对不同文化的理解和感悟。

（三）活动组织与执行

组织跨文化网络交流实践活动需要一支专业的团队。团队应包括活动策划、技术支持、宣传推广、国际关系协调等多个分工。明确的分工和协作是活动成功的关键。

在活动筹备阶段，要制定详细的活动计划，包括活动时间表、参与

人员名单、活动内容安排等。同时，还要准备必要的网络技术支持，确保活动顺利进行。

在活动执行阶段，要密切关注活动的进展，及时调整计划，以应对可能出现的问题。同时，还要确保所有参与人员都能够充分参与并享受活动的过程。活动结束后，要对活动进行评估，收集参与人员的反馈意见。评估和反馈可以总结活动的经验教训，为未来的活动提供改进方向。

四、评估大学生跨文化网络交流能力的机制

为了有效评估大学生的跨文化网络交流能力，我们需要建立一套完善的机制。

（一）评估机制的构建

为了准确评估大学生的跨文化网络交流能力，我们需要明确评估标准。这些标准可以包括语言运用能力、跨文化沟通技巧、网络礼仪与素养、对不同文化的理解和尊重程度等。通过制定具体的评估指标，我们可以更全面地了解大学生在跨文化网络交流方面的表现。

为了更全面地评估大学生的跨文化网络交流能力，我们可以采用多元化的评估方法。这些方法包括自我评估、同伴评估、教师评估以及基于网络平台的自动评估等。通过多元化的评估方法，我们可以从多个角度了解大学生在跨文化网络交流方面的优势和不足。评估机制的另一个重要组成部分是反馈机制。在评估过程中，我们需要将评估结果及时反馈给大学生，让他们了解自己的表现以及需要改进的地方。同时，我们还要鼓励大学生进行自我反思，思考如何在未来的跨文化网络交流中提升自己的能力。

（二）评估大学生跨文化网络交流能力机制构建

为了提升大学生的跨文化网络交流能力，我们可以在课程设置和

教学改革方面下功夫。例如，我们可以开设专门的跨文化网络交流课程，教授大学生如何与来自不同文化背景的人进行有效沟通。同时，我们还可以将跨文化网络交流能力融入其他相关课程中，如国际商务、外语等。

除了课程设置，我们还可以通过组织实践活动来提升大学生的跨文化网络交流能力。这些实践活动可以包括线上国际学生论坛、跨文化网络角色扮演游戏、国际时事热点讨论等。通过参与这些实践活动，大学生可以在实际交流中锻炼自己的跨文化网络交流能力。另外，我们还需要提供必要的技术支持和平台建设。例如，开发专门的跨文化网络交流平台，为大学生提供与世界各地人士交流的机会。同时，我们还应该提供必要的技术培训，帮助大学生更好地利用这些平台进行跨文化交流。

在提升大学生跨文化网络交流能力的过程中，师资培训和国际化合作也显得尤为重要。我们要培训教师，提升其跨文化教学能力和网络交流技巧，让他们更好地指导学生进行跨文化网络交流。同时，我们还可以与国外高校和研究机构进行合作，共同开展跨文化网络交流项目和研究。

（三）实施策略与挑战

在实施大学生跨文化网络交流能力评估与提升机制时，我们需要制定具体的策略。例如，我们可以制定详细的实施计划，明确各个阶段的目标和任务；可以建立专门的工作小组，负责机制实施和监督；还可以加强与相关部门之间的沟通和协作，确保机制顺利实施。

在实施评估与提升机制时，我们可能会面临一些挑战。例如，如何确保评估的准确性和公正性、如何提升大学生的参与度和积极性、如何应对文化差异带来的挑战等。为了应对这些挑战，我们可以采取一些具体的策略。例如，可以建立严格的评估标准和程序，确保评估的准确性和公正性；可以通过设置奖励机制、组织有趣的实践活动等方式提高大学生的参与度和积极性；还可以加强文化敏感性培训，帮助大学生更好地适应不同文化的交流方式。

第七章　大学生网络文化素养培养中多元主体作用的发挥

第一节　大学生网络文化素养培养中家庭媒介教育作用的发挥

家庭媒介教育，是指家长与孩子一起学习媒介传播的相关知识，共同提高网络文化素养。在此过程中，家长通过已有的知识和阅历引导孩子正确接收信息，并建立应对信息的批判反映模式，使其提高对负面信息的觉察能力。家庭媒介教育和学校教育最为本质的区别在于，家庭媒介教育具有更多的可能性去考虑孩子的实际情况，如能力、兴趣、需求等，这样能更有效地提高学生的媒介使用能力和信息批判能力。在信息时代，媒介传播高度发达，各类信息渗透到家庭生活中，这就对家庭教育提出了全新的要求。

一、现代媒介对传统家庭观念的影响

（一）家长权威受到极大挑战

信息时代，传统的家庭教育理念、教育方式已经难以维系。由于信息技术的便捷快速，网络媒介成为大学生获取信息最为重要的途径之一。家长的权威被现代媒介大幅削弱了，因为其知识权威性的丧失，其人格魅力随之减弱，从而加大了家庭教育的困难。现代媒介在一定程度上成为新的信息权威，使家长的教育权威受到极大挑战。

（二）现代媒介使得家庭道德教育日益困难

以往的家庭教育格局中，家长与孩子之间的交流、沟通是单方向的，

也是二维的，孩子道德观念的形成与定型，家长都可以掌握。在我国传统教育中，信息媒介是需要筛选的，尤其是涉及暴力、情色等方面的信息，家长通常会严格屏蔽。然而，现代媒介对大学生的影响越来越大，家长构筑的信息过滤网已经日益失效，孩子获取的信息往往是未经筛选的。这直接削弱了家长的道德教育成效，也使家长对孩子的道德教育失去了绝对的把握。

（三）现代媒介在一定程度上影响了大学生与家庭的关系

在家庭中，家长要实现和孩子的良性互动，首先要有共同语言。在信息时代，孩子的视野开阔了、思想复杂了，代际沟通就不具有以往传统家庭关系单向沟通的特点。大学生对网络的依赖程度越深，家长的管控能力就越小。因此，传统的"促膝谈心"已经不能满足现代媒介社会中代际沟通的需求。善于收集信息、从网上获取最新资讯的大学生很难再接受传统家庭沟通方式中父母的"苦口婆心"，而父母的网络应用能力落后于大学生，大学生也会觉得父母"不懂装懂"，因此产生的较深代沟也让父母越来越不理解现代大学生的生活和思想方式，从而形成恶性循环。

二、家庭媒介教育应采取的新方式

（一）以"互相学习"的新理念促进家庭成员共同进步

在当前资讯高度发展的时代，家长应该认识到他们不再是信息的唯一权威。家长只有具备了一定的网络知识、技能和经验，双方才有可能形成对话和交流，并在适当的时候疏导和修正孩子的网络行为。家长不能再死守传统经验不放，而应该从自身做起，重新学习媒介知识，不断更新自身信息来源，具备一定的网络知识、技能，与时俱进，与孩子共同进步。这样才能做到和孩子共同探讨和对话，孩子也才更愿意听取家长的意见和建议，两者才能在统一的平台上实现共同进步。如果家长再延续使用过去的信息媒介来"教训"孩子，反而会引发孩子的逆反情绪，从而使家庭媒介教育失败。

（二）以"疏引结合"的新办法增强家庭媒介教育实效

家长不仅要掌握媒介新知识，还应当结合自身所学及社会经验，对孩子实施接收与应用媒介信息两个部分的引导与指导。一是做好信息筛选疏导。家长可以通过民主讨论的形式，引导孩子鉴别其所接收信息的真伪优劣，不可无视孩子的兴趣爱好和意见，强行控制其信息接收。二是做好信息应用引导。家长应鼓励孩子在应用电子媒介的同时，抽出固定时间阅读精选书刊，定期安排时间和孩子一起阅读，鼓励孩子写读书笔记，并时常和孩子交流读书感受等，为其创造良好的信息环境。

第二节　大学生网络文化素养培养中大众传播媒介引导作用的发挥

在大学生思想观念形成的过程中，大众传播媒介起着至关重要的作用，这是一个无可争议的事实。

一、大众传播媒介的功能

大众传播媒介具有极大的社会影响力，因此大众传播媒介必须认识到其肩负的社会功能。大众传播媒介的社会功能，是指大众传播媒介在与社会互动的过程中所起的作用。大众传播媒介体的社会功能有正面和负面两种。所谓正面功能，指的是大众传播媒介对社会发展所起的积极作用，负面功能则是对社会发展所起的负面作用。大众传播媒介的正面功能包括：道德宣教功能、舆论导向功能、教育功能、人文关怀功能。

（一）大众传播媒介的道德宣教功能

大众传播媒介具有树立全社会都认可的价值观，宣扬正确的世界观、人生观和价值观，引导社会积极向上的宣教功能。对大学生进行积极向上的道德指引，是十分有必要的。而且，市场经济的浪潮促使媒体不断地以各种途径吸引大学生的注意。如今的大众传播媒介无论是在形式还是在内容上都比较新颖、别致，这些新奇的内容成了大学生关注的重点，并为他们所喜闻乐见。因此，加强道德宣教功能，是大众传播媒介不能推卸的义务。

（二）大众传播媒介的舆论导向功能

在信息化时代，大众传播媒介是制造和传播舆论的重要工具，大众传播媒介要提高舆论引导水平，促进社会和谐。大学生的成长需要健康向上的社会风气的熏陶，因此大众传播媒介要加强舆论导向功能，营造积极向上的社会氛围。

（三）大众传播媒介的教育功能

随着传播技术的进步，大众传播媒介日益成为当代社会具有强大教育功能的传播力量，它带来了教育的普及和科技信息的扩散，能够提高全社会的人文素质，提高人力资源的科技素质，帮助社会大众掌握自己所需要的科技文化知识。通过大众传播媒介的广泛普及，社会大众可以了解更多的科技和人文知识。例如，通过历史节目，观众可以了解本国和其他国家的历史；通过直播航空探索，观众可以了解宇宙奥秘等。大众传播媒介应当积极利用这些资源，充分发挥其教育功能，促进大学生的健康成长。

（四）大众传播媒介的人文关怀功能

大众传播媒介的人文关怀功能主要体现为对人的生命价值的尊重，对人的情感、生存状态、精神状态的关注，以及对人性需求的满足。

大众传播媒介的人文关怀是在传播信息时不可或缺的一部分，它关注的是人的存在价值，尤其是对心灵情感的关怀，追求社会公平，关注个人权利与尊严。在新闻报道中，人文关怀通过关注人的生存状态、重视人的尊严、满足人性需求体现出来，这种关怀与大众传播媒体紧密相连。

二、大众传播媒介对大学生网络文化素养培养的作用

大众传播媒介对大学生网络文化素养培养具有重要作用。

大众传播媒介通过多种形式和手段为大学生网络文化素养培养提供了较多素材和信息，丰富了大学生网络文化素养培养的内容，解决了大学生网络文化素养培养内容单调、陈旧的问题。它能够无条件地传递社会的正义和良知，客观、公正地揭露和抨击阻碍社会进步的丑恶现象，从而为大学生提供了人文关怀。此外，大众传播媒介还对社会发展的热点、疑点、重点、难点问题进行广泛宣传，进行追踪报道、深入讨论，这些内容也是大学生网络文化素养培养工作所要研究的。大众传播媒体可以明确方向、弄清是非、增长人们见识、使人们开阔眼界、转变人们的思想观念，为大学生网络文化素养的培养提供了丰富的资源和多样的视角。

大众传媒促进了大学生网络文化素养培养方式的转变。随着网络技术的发展，大学生网络文化素养培养工作面对新的环境，其培养方式发生了变化。远程教学和网上教育不受时间和空间的限制，吸引了大学生由传统的被动式接受教育变为主动参与思想交流，并在思想碰撞中自然而然地接受引导，形成了互动式、引导式的宣传教育，大大增强了培养的实效性。此外，网上教育可以运用多媒体的技术手段，借助声音、图像、动画等手段形象地表达出来。这种教学方式不仅提升了教学效果，也为大学生网络文化素养的培养提供了新的教学方法和平台。

大众传播媒体的发展开辟了大学生网络文化素养培养的新途径，大

众传播媒体向全世界各个角落的人们不断地传递着大量的思想和教育，深刻地影响人们的思想。大众传播媒体的根本性质决定了它本身具有宣传、鼓励、教育、引导、批评等思想政治教育功能，能使大学生的思想跟上时代发展的步伐，并不断地丰富和发展。这为大学生网络文化素养的培养提供了新的途径和方法。

大众传播媒介通过丰富教育内容、转变教育方式、开辟新的教育途径等方式，对大学生网络文化素养的培养起到了积极的促进作用。

第三节　大学生网络文化素养培养中政府主导作用的发挥

政府是一个国家网络文化素养发展方向的决策者和管理者，其对大学生网络文化素养培养工作的导向和监管方面的作用是任何组织和个人都无法替代的。换而言之，如果一个国家的大学生网络文化素养培养工作想要有序、健康发展，就需要政府适时制定相应政策法规、规章制度进行宏观调控。

一、强化政府社会责任

对政府和相关机构来讲，积极联合相关部门和行业专家，制定大学生网络文化素养培养的规划和制度，明确政府、社会、高校以及家庭应承担的职责和义务是至关重要的。政府要强化社会责任，从文化战略高度当好大学生获取信息的"把关人"和"守门人"，尽可能过滤并减少信息污染，在允许信息多元并存的基础上，坚持传播高品质和符合主旋律要求的信息，保持信息的良性循环，使大学生的网络文化素养在耳濡目染中逐步得到提高。

首先，要加强网络监管力度。校园网管理是其中重要的一环。校园网具有向全社会开放、非营利的特点，主要服务于在校大学生。从这一角度来看，对校园网的管理，首先要建立和健全一套符合大学生特点的特殊管理体制，如校园网审核制度、公示制度、汇报制度和岗位责任制等。

其次，要建立和健全保障网络信息安全的管理措施与设施，一方面要派专人时时检查传播的信息，以及时发现问题，过滤过时的、不真实的信息，有效地防止垃圾信息、非法信息、骚扰信息及病态信息在学校的传播。另一方面，学校要加大防止网络入侵的力度，主要在校园网的出口处设置防火墙，以实现对整个校园网的安全保障，避免恶意破坏和攻击事件发生；在校园网的总出口处添加相应的功能模块或者软件，屏蔽掉一些造成不良影响的色情站点等。同时，为了加大校园网内资源的安全保障力度，可以采取指纹识别的方式登录存放重要资源的服务器，以确保资源信息的安全，避免能够对学生产生消极影响的不良信息进入校园网。

最后，各级政府部门也要不断加大投入力度，建立健全并完善权威网站，一方面筑牢互联网上的"信息海关"，充分利用好"中国墙互联网过滤器"对来自海内外的各种有害信息的堵截作用，从而达到净化网络空间的目的；另一方面，加强合作，建立健全互通信息等有效防止不良信息传播的渠道，共同致力于国际网络的安全管理。

二、发挥政府主导优势，营造良好教育氛围

网政府部门应加大宣传力度，加深社会各界对网络文化素养的认识，从整体上塑造有利于网络文化素养培养的良好氛围。

政府相关部门可以鼓励各种社会机构、组织团体和企业联合高校开展新闻传播法规、传播伦理以及技能竞赛等公益活动，如开展网页制作大赛、新闻竞赛、视频制作比赛，举办培训班、组织相关宣传活动等，

以吸引和鼓励大学生广泛参与，提高网络文化素养水平。此外，学术科研机构也应当积极推进专业性的网络文化素养教育的开展，以大力培养网络文化素养教育的后备人才；同时，推动成立网络文化素养教育委员会，举办专业论坛，邀请国外专家学者开展网络文化素养培养的交流活动，加强国家间的对话、交流与合作，广泛开展大学生网络文化素养调查等，以加强实证研究，提高网络文化素养教育的针对性。

三、整合社会资源，构建教育网络

大学生网络文化素养培养是一个系统的工程，不仅仅是学校的事情，还需要全社会的广泛参与和学生家庭的积极配合。根据我国国情，由政府出面能更有效地组织和实施大学生网络文化素养培养工作，可制定一些权威的政策性文件对大学生网络文化素养培养做出规范，并为网络文化素养培养提供政策保障和指导以及政策上的支持。国家有关部门和省区有关部门应认识到大学生网络文化素养培养的重要性和必要性，出台一些行政命令和有关规范，以督促和指引大学生网络文化素养培养的开展。

培养大学生网络文化素养是一项迫在眉睫的重大社会任务，对于政府和相关机构来讲，应积极联合相关部门和行业专家，制定网络文化素养教育的规划和制度，明确政府、社会、高校以及家庭应承担的职责和义务，调动全社会的资源，使家庭、学校、社会、政府四者形成合力，承担起相应的教育职能，为提升大学生网络文化素养提供有力支持。

四、制定法律法规，提供政策保障

大学生网络文化素养培养离不开一个健全、完善的政策体系，这就需要政府部门出台一系列具有针对性、强制性、可操作性的法律法规进行维护、规范、约束。政府部门作为各种法律法规的制定者、执行者，应加强对网络媒体的监管力度，规范媒介发展环境，约束媒介的传播行为，鼓励社会组织和企业参与网络文化素养培养，开展相关研究和社会活动，为保证大学生网络文化素养健康发展提供一个良好的政策环境。

相关政府部门在网络文化素养培养方面，还应加大人才和资金的投入力度，努力创造网络文化素养培养的良好环境，为国内网络文化素养培养相关领域的深入交流提供便利条件。例如，成立专门的网络文化素养培养机构，组织国内专家学者开展网络文化素养方面的相关研究，编制相关培训教材，鼓励教与学。同时，还要加强与其他国家的交流，学习和借鉴国外的成功经验，将国外先进经验与我国实际情况相结合，从而建立一套适合我国网络文化素养培养发展的理论体系和规章制度，促进网络文化素养培养在我国的健康发展，进而提高国民的网络文化素养。

第四节　大学生网络文化素养培养中学生主体作用的发挥

网络文化素养是一项关乎人的全面发展的个体素质。要想真正切实有效提高大学生自身的网络文化素养，必须开发大学生自身的潜能并以此促进其长足发展。

一、树立远大的人生理想和正确的世界观、价值观

提升网络文化素养，首要的是正确理解网络文化素养的含义，并在此基础上深化对提高自身素质的认识。这就要求大学生首先必须深刻理解提升自身网络文化素养的重要性，并从思想上重视提升网络文化素养的必要性和意义。同时，树立远大的人生理想和正确的世界观、价值观。大学生有了明确的人生方向，自身的学习潜能才能得到充分发挥，有利

于进一步提升自身的网络文化素养。换言之，大学生要注重学习网络文化素养的相关知识，认识其性质和价值，形成个人对网络文化的独立见解，能透过现象看本质。

二、培养信息道德意识，塑造高尚的道德人格

"道德人格是成为一个具有高素养的社会人的基石。"道德人格，既是人的一种内在涵养，又是可见于外的实践精神。因此，它对个体的精神生活和社会行为习惯具有一定的支配作用。网络环境的维护需要大家的共同努力，大学生作为网民的主力军之一，其作用不可小视。良好的道德人格是自身素质的综合反映，高尚的道德人格可通过道德知识、能力和素质的内在协调来实现。所以，大学生可通过如下途径，不断培养自身高尚的道德人格：一是深入挖掘我国优秀的传统道德资源，汲取精华并赋予其与时俱进的深刻内涵；二是通过知、情、意、行的有效结合，塑造良好的道德人格，从而不断追求真善美。

三、加强自身人文素养，深化认识和理解媒介的文化属性

人文素养是指一个人成为人和发展为人才的内在素质及修养。人文素养涵盖了人文科学的研究能力、知识水平以及人文精神，即以人为对象、以人为中心的精神——人的内在品质。这包括对人类生存意义和价值的关怀，通过人文科学如政治学、经济学、历史、哲学、文学、法学等的学习和实践，内化为个人的能力、精神和品质。人文素养不仅包括知识的积累，更包括如何处理人与自然、人与社会、人与人的关系，以及自身的理性、情感、意志等方面的培养。它通过知识传授、环境熏陶以及自身实践等教育活动，使人类优秀的文化成果内化为人格、气质、修养，成为人的相对稳定的内在品质。人文素养的提升是一个长期的过程，需

要通过不断的学习和实践来逐步内化为个人的精神品质和心理特征。网络文化素养和人文素养两者关系非常密切，人文素养是网络文化素养的基础，网络文化素养是一个人人文素养的具体体现之一。因此，大学生要不断提升自身语言、艺术、历史、科学、音乐等方面的人文素养水平，积极开展课外阅读，从而保证能够正确理解和使用网络语言。

四、增强主动意识和针对性，提高信息使用能力

大学生是一个思维活跃的团体，上网的目的性不强，很容易受到网络上五花八门的信息的影响。面对这种情况，大学生们要有针对性地获取信息，不能眉毛胡子一把抓。也就是说，大学生在获取信息的过程中，要有针对性和规划，不仅要扩大信息来源，不固守某单一信息来源，还要具有批判意识，不能不假思索地全盘接受，要立足事实本身，分析其真实性与合理性。

五、自觉开展媒体实践训练，提高批判解读能力

面对复杂多变的新媒体语境和新兴社交媒体网站的不断兴起，大学生在学习专业课程之外，还应主动参与社会媒体的实践活动，通过有效利用校园联合媒体，整合社会多元媒介信息资源，合理使用各种新兴媒体形式（如微博、微信等），积极掌握新媒体形式的传播优势和传播技巧。同时，在充分体验媒体生活、掌握新媒体技术的过程中，全面了解媒介信息生产制作流程，不断提高自身的信息鉴别能力和批判解读能力。这既是新媒体时代大学生自身修炼的内在需要，也是信息时代新型网络受众发展的必然要求。外因通过内因起作用，是提高大学生网络文化素养的关键，即培养大学生对信息的选择、理解、分析、批判、使用的能力，提升他们的网络文化素养，使他们在认识媒体的运作模式和内在体制的

基础上，能够分辨出媒介所呈现出的"拟态环境"，并能够正确运用媒介，而非抵制媒介。

六、提升大学生网络法治素养，搭建法治教育平台

法治素养是指人们通过学习法律知识，深入理解法律的内涵和本质，正确运用法治思维、依法维护权利与依法履行义务的素质、修养和能力，是涵盖法律知识、法治意识、法治观念、法治思维、法治信仰和法治实践能力等的综合体，与大学生学习生活、社会生活有着紧密的关系。大学生作为网络最活跃的群体，与智能传播有密切的关系，智能传播也成为学生获得知识的途径之一。大学生是国家发展有力的后备人才，所以提升大学生的网络政治素养与学生个人的成长、成才有密切关联，大学生网络法治素养的提升不仅与高校网络教学学科建设有关，也与网络强国的发展息息相关。

互联网为提升大学生的网络法治素养工作带来了更多的渠道，能够将海量的文字、声音、图像、视频等信息随时传送到任意一个设备，利用文字、声音、图像三者结合，构成教学课件，让法治教育更加生动，增强教育的针对性和实效性。为此，各大学要努力营造良好的网络法治宣传环境，以保证学生积极的政治方向。在当前法治建设的新形势下，要充分利用新型的互联网法治教育平台，解决当前高校提升大学生网络法治素养工作面临的问题，并根据新时代大学生法治教育工作的规律、特点、经验，采取相应的配套措施，使学校网络法治教育体系更加完善，构建新时代高校法治教育新格局。

参考文献

[1] 谭志敏.网络文化与伦理概论 [M].重庆：重庆大学出版社，2015.

[2] 韩立梅.社交网络时代大学生媒介素养融入思想政治教育的实践探索——以传统服装文化为例 [J].化纤与纺织技术，2023，52(9)：22-24.

[3] 马聪.高校网络文化育人的作用及其实现研究 [J].文化产业，2022(5)：22-24.

[4] 沈盼盼，王晓梅.儒家文化融入大学生网络道德教育研究 [J].文化创新比较研究，2021，5(34)：57-60.

[5] 王依灵，龚素璨.大学生网络空间法治素养培育：意义、现状及路径 [J].浙江理工大学学报（社会科学版），2024，52 (02)：240-246.

[6] 邵敏兰."互联网＋"时代网络文化背景下的大学生素质教育研究 [J].湖北开放职业学院学报，2021，34(07)：42-44.

[7] 仰义方，陈沛珊.网络泛娱乐化现象对大学生价值观的影响及应对 [J].重庆邮电大学学报（社会科学版），2020，32(04)：86-92.

[8] 陈曦，孙文强，赵福阳，等.网络多元环境下高校大学生思政教育的困境与对策 [J].中国新通信，2020，22(11)：191.

[9] 梁娟娟."互联网＋"视角下高职学生网络文化素养提升路径研究 [J].财富时代，2020(04)：166-167，169.

[10] 沈涛，陈璐，胡坚.高校校园媒体建设对大学生网络文化素养影响及对策研究 [J].大众文艺，2020(08)：226-227.

[11] 孙留涛 . 校园网络文化视域下大学生网络信息安全素养的三维培养路径 [J]. 中国成人教育，2015(01)：51-53.

[12] 陈铁权 . 网络文化视域下大学生信息安全素养缺失分析 [J]. 甘肃科技，2020，36(03)：67-69.

[13] 欧阳许岩，徐晓旭 . 互联网＋背景下大学生古典文学素养提升的路径 [J]. 文学教育（上），2019(05)：76-78.

[14] 第天骄 . 新时期到新时代大学生媒介素养的时代变迁及其应对 [J]. 武汉职业技术学院学报，2019，18(02)：68-71，85.

[15] 张羽程 . 融合视阈下网络文化育人研究 [M]. 南京：江苏人民出版社，2019.

[16] 付铭举，赵文春 . 网络时代红色文化融入大学生思政教育的研究 [J]. 湖北开放职业学院学报，2021，34(20)：106-107.

[17] 武希英 . 试论当代大学生在网络视觉文化影响下的影视素养教育途径 [J]. 电脑知识与技术，2012，8 (05)：1203-1204.

[18] 李敏 . "互联网＋"时代大学生网络文化素养的失范与理性重构 [J]. 山西经济管理干部学院学报，2018，26(02)：110-113.

[19] 周丽欣，律海燕，乔丹，等 . 网络文化环境下大学生人际交往培养策略 [J]. 延边教育学院学报，2018，32(03)：37-39.

[20] 温馨靓 . 辅导员在大学生网络文化素养教育中的定位与方法探索 [J]. 吉林医药学院学报，2018，39(03)：193-194.

[21] 王超群 . 大学生网络亚文化的成因、影响及对策 [J]. 广西青年干部学院学报，2021，31(04)：41-44，48.

[22] 吕欣 . 衢州地区大学生网络文化素养现状及培养对策研究 [D]. 济南：山东师范大学，2015.

[23] 杨君怡 . 网络文化语境下大学生媒介素养教育研究 [D]. 北京：北京化工大学，2015.